气象主播的公开课

王新竹 ◎ 主 编

戴云伟
信　欣　◎ 副主编
张泰源
王蓝一

气象出版社
China Meteorological Press

内 容 简 介

　　本书遴选 20 余期国外优秀气象节目，汲取其优秀创意思路、科技手段和传播技巧，拓展从业者的眼界格局。生动剖析气象原理，实现气象知识通俗化解读和精细化传播。客观分析节目形式与主持风格，摘选核心气象英语词汇，培养专业领域英语表达和沟通能力。融合天气、气候、气候变化、地理等众多领域，以气象科学和电视艺术等学科为理论支撑，是自然与人文、科学与艺术相结合的一本读物。本书对气象节目国际通行趋势和本土特征的独到见解，有助于读者对气象科学与国际气象节目发展有所了解，也可为气象影视业务工作者和气象爱好者提供学习参考。

　　图书在版编目（ＣＩＰ）数据

　　气象主播的公开课 / 王新竹主编 ； 戴云伟等副主编
. -- 北京 ： 气象出版社，2022.8
　　ISBN 978-7-5029-7693-4

　　Ⅰ．①气… Ⅱ．①王… ②戴… Ⅲ．①气象学－普及
读物 Ⅳ．①P4-49

　　中国版本图书馆CIP数据核字(2022)第065275号

气象主播的公开课
QIXIANG ZHUBO DE GONGKAIKE

出版发行：气象出版社

地　　址：北京市海淀区中关村南大街 46 号　　邮政编码：100081

电　　话：010-68407112（总编室）　　010-68408042（发行部）

网　　址：http://www.qxcbs.com　　E-mail：qxcbs@cma.gov.cn

责任编辑：黄海燕　　　　　　　　　　终　　审：吴晓鹏

责任校对：张硕杰　　　　　　　　　　责任技编：赵相宁

封面设计：楠竹文化

印　　刷：北京地大彩印有限公司

开　　本：787 mm×1092 mm　　1/16　　印　　张：12

字　　数：255 千字

版　　次：2022 年 8 月第 1 版　　　　印　　次：2022 年 8 月第 1 次印刷

定　　价：96.00 元

《气象主播的公开课》

编委会

顾　问：宋英杰

主　编：王新竹

副主编：戴云伟　信　欣　张泰源　王蓝一

编　委：潘一可　孙凡迪　张　帅　孔德俏

　　　　杨　丹　冯　殊　谭　思

序

　　"中国天气"主持人团队是中国气象局公众气象服务的金牌团队，也是一支充满使命感和社会责任感的团队。他们不仅在国家级媒体平台的天气预报节目当中为大家提供贴心的服务，也在防灾减灾、气象科普、公益活动、新媒体平台传递气象服务社会经济发展的正能量。

　　1980 年 7 月 7 日，国家气象局（现为"中国气象局"）与中央广播电视总台合作推出第一档电视《天气预报》节目，天气预报从此走进千家万户，成为我国收视率最高的电视节目之一，在服务百姓日常工作生活和气象防灾减灾第一道防线上，发挥着重要作用。

　　伴随着几代人的成长，电视天气预报也在不断创新发展。除了大家最熟悉的中央广播电视总台《新闻联播天气预报》，更多的服务更细化、分类更多元的天气预报节目也登上了荧屏。随着移动终端的发展，现在我们还通过手机为大家送上定制化的气象服务。

　　"中国天气"主持人团队能够用科研的思维来钻研业务、用全球化的视野来思考发展的问题，并且在时代浪潮的发展中不断成长、不断创新。本书不仅呈现了全球气象节目发展的通行趋势，还有对气象影视发展的思考和辨析。

　　《气象主播的公开课》是一本内容丰富、涉猎面广的专业书籍，内容涵盖一个个精彩的天气预报节目、一份份生动有趣的解析，以及严谨的中英文对照和通俗易懂的气象知识，是天气节目主持人参考和学习的好教材。

华风气象传媒集团董事长：李海胜

2022 年 6 月

前　言

　　这是一支充满活力、爱岗敬业、亲和可爱的队伍。他们的身影活跃在国家级各大媒体平台，为千家万户预报风雨冷暖。他们和所有的气象工作者用诚心、爱心、专心为生命安全、生产发展、生活富裕、生态良好保驾护航，为人们送去无微不至的气象服务和人文关怀，构筑起气象防灾减灾第一道防线。他们是百姓的贴心人——国家级气象主持人团队。

　　气象主持人是我国公共气象服务的重要一环，是比较特殊的工作岗位，在一定程度上代表着公共气象服务的发展水平。岗位要求专业度高、时效性强，对其培养涉及传播学与气象学的交叉领域，培养难度大。气象主持人不仅要具备良好的屏幕形象、优秀的传播表达技巧，更要有深厚的气象知识储备，把晦涩难懂的气象数据用通俗易懂的语言精准地传递给受众，才能真正为公众提供优质的气象服务。因此，气象主持人团队秉承"学习无止境、服务要更好"的理念，将学习贯穿职业生涯的始终，用国际化的视野、多样化的形式、高质量的内容，增强气象传播能力，提升气象服务水平。

　　我们一起学习、互助成长，共同见证了我国气象科技水平的迅速发展。为更好地提升气象服务水平，我们在工作之余选择国内外优秀气象节目，研习交流、分析比较，将学习成果总结成《气象主播的公开课》一书并分享给广大读者。

　　本书共研析 20 余期国外气象节目，汲取节目的优秀创作理念，生动剖析气象原理，客观分析节目形式与主持风格，摘选核心气象英语词汇，可为气象影视业务工作者以及气象爱好者提供学习参考。在此，特别感谢宋英杰老师的倾力指导，感谢每一位参与创作的气象节目主持人和气象专家，他们为我国公共气象服务事业所付出的青春与汗水，值得尊敬。本书不足之处，请读者朋友批评指正。

王新竹

2022年6月

宋英杰，中国气象局气象服务首席，中国天气·二十四节气研究院副院长，《新闻联播天气预报》节目首位主播。

著有《二十四节气志》《二十四节气·七十二候》《哪片云彩会下雨》《全球天气节目简史》《中国天气谚语志》《二十四节气神》等专著。

王新竹，高级工程师，北京师范大学艺术硕士。现任中国气象局华风气象传媒集团播音主持部主任。长期致力于气象服务与气象传播领域的学术研究、推广应用与国际交流等工作。注重气象主持人队伍人才培养与管理模式创新，多篇学术论文发表于国家级核心期刊。带领国家级气象主持人团队斩获全国"金话筒奖"、中央和国家机关青年五四奖章、中国青年志愿者优秀个人奖等多项荣誉。创立推广的"气象主播进校园"全国大型气象科普公益活动被中央广播电视总台、北京广播电视台、中国教育电视台等各大媒体广泛报道，社会效应显著。

主要学术成果：《中国气象节目主持人团队能力建设业务分析报告》《直播类天气预报节目样态机制与策略研究》《户外气象科普节目创新探索与业务研究》《全国气象主持人国际化能力提升创新培养计划》等。

戴云伟，中国气象局华风气象传媒集团气象服务副首席，高级工程师，从事气象科学研究与科普推广工作，著有科普图书《观云识云》《奇云异彩》。

2015年受邀担任华风集团播音主持业务指导委员会气象顾问，担负为"中国天气"主持人进行气象知识培训的重任。从专业上讲，气象与传媒似乎隔着一道鸿沟。实际上，气象理论专业终极关注的热力熵与传媒理论专业终极关注的信息熵是同源的。"信息学之父"香农正是基于热力熵而提出了信息熵，从而找到了一个度量信息量的方法。从授课至今，一晃七年多了，终于在王新竹主编的亲力亲为之下，克服了诸多困难，让《气象主播的公开课》一书与读者见面了。这是气象与传媒两个专业人员的倾力打造，相信读后会在气象和专业英语知识方面得到一些有益的提升。

信欣，毕业于南京大学大气科学系，现任中国气象局华风气象传媒集团气象服务副首席，高级工程师。从事气象信息传播与科普工作。2017年获得全国科普讲解大赛一等奖和最佳口才奖。

张泰源，中国气象局华风气象传媒集团主持人，高级工程师，担任CCTV-1综合频道《新闻联播天气预报》、CCTV-13新闻频道《朝闻天下天气预报》等节目主持人。工作之初，我给自己树立了一个初心："希望全身心地为观众提供气象服务，让节目成为一盏灯、一本书、一杯茶，与您每日相伴。"一晃十一年过去了，我发现实现这句话并不容易，只有充分地理解气象工作者的使命和责任，铭记气象关乎生命安全、生产发展、生活富裕、生态良好，把观众真真正正地放在心里，气象服务才能够做到"全身心"投入，观众才会希望你的天气预报能与他"每日相伴"。实现气象强国，需从点滴做起，观众的平安喜乐，是我前进的动力。我将继续为这样的初心，不懈努力！

王蓝一，中国气象局华风气象传媒集团主任播音，播音主持业务指导委员会主任；担任CCTV-1综合频道《新闻联播天气预报》主持人。曾担任国家级媒体气象节目记者、编导；国家级媒体首档气象＋节目主持人；曾主持CCTV-2财经频道《第一时间第一印象》、CCTV-13新闻频道《朝闻天下天气预报》直播节目。

当今公众获取天气信息的渠道越来越多，天气信息传播形式也越来越丰富，但无论如何变换，气象传播的服务属性和人文属性不会变。在气象传播中，天气预报不应只是冰冷的数据和文字，它更需要主持人有温度、有关切、人格化的传播来更好地诠释和体现天气预报的服务与人文属性，进而增强气象传播效能。

诚然，天气预报主持人在节目中所承载的不仅是一个从业者对职业理想、对促进气象传播事业发展的崇高追求，更承载了公众的一份信任、福祉和对美好生活的追求。

目 录

技 术 发 展

公 众 需 求

主 播 职 业

科学进步

天气主播如何向观众阐明
预报中的不确定性

节目概况 ||||

本篇节目选自 CBS（美国哥伦比亚广播公司）Lonnie Quinn（郎尼·奎因）的一档周末天气预报以及 2014 年 CNN（美国有线电视新闻网）关于台风"黑格比"的一期节目，这两期节目都是直播。

CBS 这期节目是一档日常天气节目，根据气温、云量等天气要素逐一分析降水的可能性，多次运用概率来描述降水的可能性，并且在预报云量等天气要素时运用了大量的不确定性描述，使看似常规的地方性预报节目变得有声有色。CNN 这期节目重点关注的是大尺度天气系统——台风"黑格比"，不但将其与前一年的台风"海燕"做了对比，而且对比分析了多种模式的路径预报。节目中运用多模式预报，使结论体现出不统一性，向观众传达了"气象预报必然存在误差"的信息，并从预报原理上对台风路径的不确定性做出了很好的诠释。

案例解读 ||||

1 传播语言的运用

在天气预报节目中，国外同行惯用降水概率来阐明预报的不确定性。

CBS 的天气节目，主持人以流利清晰的语言，轻松流畅地为受众介绍接下来几天降雨天气的发展情况。在介绍的过程中，我们听到了很多"可能""也许"等熟悉的字眼，例如，"I mean it's about a 20% chance for a little bit shower here or there（我的意思是阵雨只有 20% 的可能）""and now maybe a little bit better chance to see some rain out there. But your rain percentages，at least the chances for Saturday and Sunday，running around 20% Saturday，30% on Sunday（也许出现雨的概率变大了，但是至少在周六和周日，下雨的可能性是这样的，周六 20%，周日 30%）"。

CNN 的天气节目也是一档日常天气预报节目，介绍台风未来的行进路径和可能登陆的地域区间及时间。表述中主持人也会使用类似的词语："so you are not clear yet（所以还是不太确定）""They predict about 6pm Saturday evening（他们预报大约在周六傍晚 6 点登陆）"。正如我们在节目中经常使用"可能""大约""主要""大部分地区""等地"等词汇来阐明预报的不确定性一样，它们是国际通用的一种气象传播语言。

除此之外，我们还发现，在国外的天气预报节目中，主持人经常以概率的形式来说明预报的不确定性，尤其是在预报雷暴等降雨天气时。天气预报科学本身具有不确定性，服务于我们生产生活的很多天气预报信息，如降水、气温等，都是通过模式计算得到一个概率区间。从这个角度来说，采用概率式预报语言是严谨、科学和客观的。这种严谨、客观的概率预报往往需要依靠受众自己做出更多的主观判断。例如，当降水概率达到百分之多少时人们才需要带伞呢？ 20% 或 40%，还是 50% 或 70%？再如，当降水概率为 20% 时下雨了，降水概率为 70% 时却没有下，那么就意味着降水概率无论 20% 还是 70%，如果不想被雨淋，明智的选择就是都要带上一把雨伞。

这种预报语言方式需要在受众接受气象科普程度较高、大致了解天气预报基本原理和内在规律的前提下，才能发挥其阐明天气预报不确定性的优势，才能更好地被受众所接受和理解，从而达到气象传播与服务的功能。

气象节目主持人早已不再是气象专家与演员之间的平衡角色，而是传播气象信息最为专业的人士——气象传播学家。未来，我国气象节目主持人应如何阐述天气的不确定性还有待进一步探索和尝试。

② 不言而喻的直播

CBS 天气节目的开场为实景摄像头画面，营造出时空上的真实感，体现了不言而喻的现场直播。用实时外景画面说明节目的直播属性，以及通过当时天气情况的实况数据报告来营造直播实时感，这一方法在欧美一些国家的直播天气预报中很常见。

③ 细节信息彰显功力

CBS的天气节目在预报每天具体的天气情况时，在预报板上会用一两个单词来概括这一天的天气重点或主要变化。这样的提炼只有人工才能完成，无法依靠机械化的批量处理。天气节目正是通过这些细节来体现其风格特点及节目编辑人员和主持人的功力。

④ 台风预报图形的使用

CNN的台风"黑格比"这期节目中，使用了台风路径的扇面概率，让观众看到在一定时段内这个台风最大可能的影响路径和区域。他们还引用多家预报结论来设计图形，以阐释台风未来移动路径的不确定性。主持人介绍台风未来移动路径时，将美国、日本和菲律宾的路径预报集中在一个画面上，分别用红色、白色、蓝色加以区分。可以看出，虽然各家路径各有不同，但总体方向大同小异。配合图形，主持人说明了各家的预报结论，包括台风移动路径和登陆时间，并阐述了其中还不确定的方面以及各方意见基本一致的方面。

更值得一提的是，节目中主持人并没有过度关注究竟哪家预报结论更接近台风的移动路径和具体的登陆时间，而是把重点放在介绍台风已经影响和将要影响的地区，并警示观众。此外，节目还将台风"黑格比"和2013年的台风"海燕"进行对比，预告"黑格比"将是"海燕"之后最强台风。公众对前一年的台风印象还是较为深刻的，将目前的台风与其对比，唤醒遭遇台风的痛苦记忆，用隐含的方式来表达灾害即将到来，也是一种巧妙的传播策略。

CNN这档采用多家预报结论进行节目制作的台风预报节目令人耳目一新，不仅很好地诠释了预报的不确定性，更显示了兼容并包的胸怀和开放的科学精神，值得我们学习。

当然，这种诠释方式依然要建立在受众已具备相应气象知识储备和接受度的基础上，只有这样才可能实现主持人与受众之间的正面互动和传播效果。另外，如果各家路径预报分歧较大，这种集合路径预报的制图方式也不适合使用。我们不可能将几条分歧较大甚至南辕北辙的台风路径集合在一张图上，向观众阐明预报的不确定，从传播的角度来讲，这显然不是明智的选择。

两期节目无法代表全球气象节目中关于不确定性的阐述的趋势，只能作为研究这一课题的引子，为深入研究抛砖引玉。在气象节目中，如何描述确定性和不确定性天气，主持人在描述不确定性天气时常见心理是倾向于确定还是不确定，两者表述有何差异，在何种天气系统时预报是非常明确的，何种天气系统的预报是不确定的，等等，都是未来有待深入研究的课题。

 中英文释义

1 CBS2 的节目

Your future cast will show us, Friday is just a banner-looking day out there. Really beautiful. High pressure stays in control, so it's keeping the rain that would love to come to town, out of town. It's just banging on our western, you know, doorstep, trying to come in from the south, it's even a little sprinkle up to the north. But I just don't think it's a big risk for Saturday. I mean it's about a 20% chance for a little bit shower here or there, but you will notice you have more clouds in place. And as you get to Sunday, those clouds stay in place, and now maybe a little bit better chance to see some rain out there. But your rain percentages, at least the chances for Saturday and Sunday, running around 20% Saturday, 30% on Sunday. I really believe the mountains will be the best area to be this weekend. You go north of the city. You are dealing with patchy skies on Saturday, 78–82. Sunday, the same deal, patchy skies, 76 to about 80 degrees. At the beaches, I'm not saying it's a wash out of a weekend, not even going close to saying that. But you will have more clouds out there than we've been used to. Last few weekends here just have been so spectacular. More clouds for Saturday, 76–79. There will be some sun, but just more clouds than we'd like. Sunday, the same deal. But a slight chance for a shower. And again, your temperatures stay in the 70s at the shore. You look across the board, by the time you get to Monday, you are looking at 83. Then we start heating things up again, 86 Tuesday, 87 Wednesday. The big change, I think, for next week, yeah, you got added heat out there, but the humidity goes up as well. So, all those numbers, Moe, are gonna be feeling a little bit hotter than they are depicted on the screen.

预报显示，周五的天气会像横幅广告说的那样，天气棒极了。在高压系统的持续控制下，城外的雨很难进城。这些雨一直在我们城市西边敲着门，也想从南部进城，甚至北边也有零星的雨。即使这样我还是觉得周六下雨的可能性不大，只有 20% 的概率会出现局地零星阵雨，但是你们会注意到云变多了。再到周日，云层还会在，这时候出现降雨的概率也许会稍大一点。但是降雨的可能性，至少本周末，也不过就周六 20% 左右，周日 30% 左右。我真的觉得山区是本周末最舒服的地方。城市的北部，会是多云的天气，周六 78 ~ 82 ℉（26 ~ 28℃）。周日也是一样，蓝天白云，大概 76 ~ 80 ℉（24 ~ 27℃）。海边呢，我并不是说周末会有大雨，甚至是一点都不沾边，不过云会比平时多不少。过去几周这里的天气是真的很好。周六，云量增多，76 ~ 79 ℉（24 ~ 26℃），也会有点阳光，不过跟大家期望的大晴天相比，云量还是有点多。周日也一样，不过有小概率会出现阵雨。海滨一带的气温还是会在七十几华氏度（二十多摄氏度）。看向预报板的另一端，到周一的时候，83 ℉（28℃），又要热起来了，周二 86 ℉（30℃），周三 87 ℉（30.6℃）。我觉得下周大的变化就是天气会更热，同时湿度也会上升，所以实际体感温度可能会比屏幕显示的数值还要更高。

2 CNN 的节目

Yeah, they're not in the clear, they're not in the clear. But it's trending a little north of Tacloban, which would put the storm surge, the stronger winds north of them. They're still gonna see damage. The problem is, we are not sure where landfalls are gonna be. We've never seen a system like this where we can't really nail it down just yet, because we can't find any steering currents.

Is this bigger than Haiyan?

No, but it's pretty close, and it's the strongest since Haiyan. So, everybody needs to know that evacuations gotta take place. The problem is, it's such a large area, the coastline about 160 to 200 km. That's a lot of evacuations. And how do you… You can't just jump on a car, and you get down the highway. Let's talk about it.

…

Think about it this way. It's such a large storm. It doesn't matter where the landfall is gonna be, because we are gonna see a mess in a lot of places.

是的，他们并不是安全的，并不是。但现在这一系统在向塔克洛班以北移动，这样，风暴潮、大风都会集中在北部，但塔克洛班还是会受到影响。问题是，我们不确定登陆位置。我们之前从未见过类似的系统，还搞不清楚，因为尚未找到可以决定方向的引导气流。

它比"海燕"规模还大吗？

虽然没有，但很接近了，已经是"海燕"之后最强的风暴了。所以大家要清楚，疏散撤离是必须的。问题就是，这个地区范围很大，海岸线有 160 ～ 200 千米长，这会是很大规模的人员撤离。怎么办？总不能说直接跳上车，开上路。我们来仔细讲讲。

……

这是一个很大的风暴，在哪里登陆，关系已经不大了，因为它会侵袭许多地方。

经典提炼

1 CBS2 的节目

control *v.& n.* 控制，支配

例句：He stays in control/He controls of all the railways in the city. 他控制着城里所有的铁路。

　　　Nobody knows who is in control of the club. 没人知道是谁掌控着这个俱乐部。

　　　He lost control of his car. 他失去了对车的控制 / 他没控制住车 / 他的车失控了。

keep... out of... 把……阻挡在……之外

例句：Please keep those reporters out of my sight. 请把那些记者挡在我视线之外 / 不要让我看见那些记者。

bang *v.* 猛击，猛撞 *n.* "砰"，"嘭"，刘海，重击

例句：She fainted and banged her head. 她晕了过去，撞伤了头部。

Big Bang Theory 大爆炸理论

Bang! He was shot. "呯"的一声，他中枪了。

She slammed the door with a bang. 她"砰"的一声关上门。

chance *n.* 机会，可能性

例句：Give me a chance. 给我一个机会。

They have no chance. 他们没有机会。

I guess Manchester United only have 50% chance of winning this game. 我猜这场曼联赢的可能性只有50%。

believe *v.* 相信 **believe in** 信任（往往是比较宽泛的、宏大的东西或是某人）

例句：I can't believe it. 我真是无法相信。（带感叹语气）

He does not believe in fate. 他不相信命运。

I believe in him. 我信任他。

patch *n.* 斑点，小块，补丁 **patchy** *adj.* 零散的，分布不匀的，不完整的

例句：There was only one place to hide—this small patch of woods. 只有一个地方可以藏身——就是这片小树林。

the brown, patchy grass 分布不均的棕色草地

slight *adj.* 微小的，细微的

例句：You chance of winning is very slight. 你赢的可能性很小。

The difference is very slight. 差别很细微。

Only a slight change in current weather pattern. 现在的天气模式只有一点微小的变化。

in the 70s 70多

例句：Cellphones in the 1990s are huge. 20世纪90年代的手机巨大。

Temperatures will remain in the 20s. 气温会保持在二十几度。

2 CNN 的节目

nail *n.* 钉子；指甲 *v.*（用钉子）钉住

nail down 确定，明确；用钉钉住

例句：It would be useful if you could nail down the source of this tension. 如果你能弄清这种紧张情绪的根源，会很有用的。

steer *v.* 控制，引导；驾驶

例句：Nick steered them into the nearest seats. 尼克领着他们到最近的座位。

What is it like to steer a ship this size? 驾驶这样大小的船会怎么样呢？

variety *n.* 多样；种类；多样化

例句：His writing lacks variety. 他写作缺乏变化。

various *adj.* 各种不同的

例句：These data have been collected from various sources. 这些数据是从各方面搜集来的。

There are various explanations for this. 对于这个有着各种各样的解释。

在天气预报中，降水和台风的预报最能体现预报的不确定性，也最考验主持人的阐释功力。

① 降水相态的不确定性

降水相态主要指雨、雪或雨夹雪等降水形式。其不确定性主要体现在秋冬和冬春转换时节，重点关注地面到低空 1500 米高度的气温分布。当气温处于雨雪临界状态时，需要做好不确定性提示。

② 降水有无的不确定性

降水有无的不确定性主要体现在春夏常见的对流天气。

（1）冷暖空气交汇的锋面降水

冷暖空气交汇一般出现在中纬度地区，四季均有。南下的冷空气与输送到本地的暖湿空气相遇，产生降水。这个降水可以是稳定的层状云降水，也可以是激烈的对流降水。冷暖空气交汇的降水往往系统性比较强，冷锋所到之处都可能成为冷暖空气交战的阵地，战线短则上百千米，长则上千千米，往往会制造大面积的降水过程，因此，我们也可以称之为有组织的"阵地战"降水。卫星云图上，表现为一条条长长的云带。虽是"阵地战"降水，但在阵地内部由于各区域冷暖空气并非均匀分布，有的区域碰撞激烈一些，有的区域交汇不明显，从而导致其时空分布的不确定性。

（2）暖气团内部的热对流

热对流大都出现在暖湿气流旺盛的盛夏时节。地表经过阳光的炙烤温度快速上升，导致暖湿气流抬升，从而产生对流。这在南方更为多见，并且多出现在午后到傍晚这段时间。

像夏季副热带高压（简称"副高"）边缘的降水及西南急流左侧的降水，大都是热对流导致的。与冷暖空气交汇形成的对流不同，热对流的个体尺度一般较小，分布零散，随机性较强，其制造的往往是短时间、小范围、突发性的降水，因此，我们也可以称之为对流天气"游击战"。卫星云图上，表现为星星点点的云，如天女散花，其出现的时空更具不确定性。

（3）冷涡对流降水

东北冷涡带来的降水既是冷暖空气交汇的结果，也是热对流的结果：午后地表附近的空气被加热，与冷涡中分裂出的冷空气相遇，或者与高空冷空气产生较大的温差，引发对流天气（卫星云图上，往往午后到傍晚可以看到明显的涡旋状云系，夜间云系减弱消散不明显）。冷涡系统的直径一般为几百千米，其南侧和东侧出现对流的可能性都比较大，但并非都会出现对流降水。

3 **主持人如何拿捏对流天气预报的不确定性**

（1）降水预报的不确定性

我们要确定即将发生的降水天气属于哪种对流所产生。

当面对冷暖空气交汇所产生的降水时，例如，冷空气南下带来的降水以及低涡、切变线等降水，主持人在节目中可以在大的范围和大的时段上作相对确定的表达，但具体到某个区域或时间时，仍然要注意用词。

当面对暖气团内部的热对流所产生的降水时，例如，夏季副高边缘的降水、西南急流左侧的降水以及东北、华北在冷涡下的阵性降水，传播时在语言上不能过于肯定和强调。

（2）台风预报的不确定性

台风预报的不确定性主要体现在其行进路径、移速和登陆地点上。一般而言，台风的移动路径主要受副高边缘的气流引导。在副高的南侧，台风会向西行进；在副高西侧，会向北行进。但是，如果同时有赤道反气旋、其他热带气旋或大陆高压等天气系统存在，会给台风移动路径带来影响，从而影响其路径和登陆位置。

（3）集合预报与台风路径预报图

通常台风预报的不确定性大小可以关注70%概率预报圈的大小，也可参考集合预报。路径集合预报，是指对同一有效预报时间的一组不同的预报结果。各预报结果间的差异，可提供有关被预报路径概率分布的信息。因此，国际上各大天气预报节目所设计和使用的台风路径预报图，基本是由小渐大的数个圆形组成的扇形路径图，也就是70%概率预报圈。当天气形势明朗、台风路径稳定时，扇面就窄一些；反之，路径不确定性大时，扇面会宽一些。或者干脆将不同模式的几家预报结论放在同一张台风路径预报图上。

总结启示

　　天气预报是对某区域、某地点未来一定时段内的天气状况作出定性或定量的预测。天气现象是大气运动的产物，由于大气运动往往对初始条件高度敏感，初始条件又因受制于气象观测的精度和数值模式初始化技术水平而包含种种误差，从而导致甚至扩大了天气预报的不确定性，所以不确定性是天气预报固有的问题和属性。

　　因此，在我们的气象传播当中，可预报的信息会永远伴随不可预报的部分，即不确定性，两者并重，不能顾此失彼、厚此薄彼。如何更好地运用和不断挖掘语言和图形的特性与优势，从而更加清晰地阐明天气预报中的不确定性，以使受众最大限度地接受和理解，应是气象传播者的职业追求。

实时日播气象节目如何阐述
气候变化和极端天气

 节目概况 |||

　本篇调研的节目选自美国 CBSN（哥伦比亚广播公司流媒体新闻频道）。CBSN 由 CBS 于 2014 年成立，是一个 24 小时播放的流媒体新闻频道，除了可以通过电视观看以外，还可以免费在网络、手机、平板电脑上观看，每天有超过 15 个小时的直播节目，其中还包括了与 CBS 电视台同时播出的王牌节目《60 分钟》《晚间新闻》等。CBSN 是 CBS 走向更深层次报道的平台，开启了不少原创节目，希望为观众提供更多事实细节，也旨在帮助 CBS 服务更多年轻受众。2022 年 1 月 24 日 CBSN 正式更名为 CBS News。

我们选取的这一期节目气象内容颇为丰富。气象主播杰夫·贝拉德利（Jeff Berardelli）不仅是首席气象学家，还是气候专家，其双重身份进一步提升了节目的广度和深度。他结合极端天气事件——加利福尼亚州（简称"加州"）高温引发山火，不仅阐述了当下的天气形势，就湿度、风力、降水给出预报，还剖析了此次山火季延长的背后原因：去年冬天异常多雨导致草木繁茂，今年夏季干燥高温，这两个因素共同为火灾发生提供了有利条件。他还提到了气候变化，通过可视化图表呈现了这些年气温、火灾数量的变化趋势及关联性，最后介绍了相关的调查研究对未来十年的预测。

 案例解读

1 **实时日播节目制作和科研项目的结合**

实时气象节目的策划有较为固定的流程，除常规内容和图形外，一般策划人员都会根据当下具体的天气事件做一些设计，特别是在有灾害性天气和极端天气时，往往需要更多的气候数据来辅助。因为此时人们的关注点已经不仅仅局限在天气预报和影响预报，会更多地好奇这种极端灾害性天气的来龙去脉：这样的天气正常吗，为什么会这样，它似乎越来越频繁了，影响因素有哪些，等等。面对公众的这些疑问，常规的气象信息是不能回答的，策划人需要依靠长期、系统的气候思维和气候敏感度，同时匹配合适的气候数据、气候图形，才能给出令观众满意的解答。这一部分专业内容所需的准备时间往往较长，如果没有提前储备，很难在天气事件发生时做到及时呈现。因此，如何将科研和专题项目研究的内容成果和实时日播节目结合起来，显得格外重要。一方面，研究成果将不仅局限在专业人员的探讨范围内，而是以大众接受度很高、很广的电视气象节目的形式分享给感兴趣的观众们，对于提高民众对气象科学的认知颇有益处；另一方面，在日常节目制作流程固定、策划时间有限的现实情况下，科研项目能够提供更多的天气素材，让气象主播更好地回答民众关切的问题，使得气象节目不仅仅是简单的预报结果，还包含更多的气候信息，同时，民众的一些气象关注反过来也可以成为科研项目的课题。这种结合如能以一定制度来保障实现，将会形成双赢。

2 极端天气事件与气候变化的关联

极端事件如高温热浪、严寒、暴雨洪涝、少雨干旱、暴雪、超强台风、龙卷等，往往会造成灾害性的后果。既然是极端天气，那一定是罕见的，罕见到什么程度呢，这是面对极端天气的本能提问，而要回答这个问题需要大量的气候数据来支撑，同时需要整体趋势的可视化呈现。虽然极端事件本身并不是气候变化，但它却是引入气候变化相关内容的最好时机，尤其是在气候变化的背景下，极端事件变得愈发频繁，引人注目。气候，是指一个地区大气的多年平均状况，常见的要素包括光照、气温和降水等。气候变化，是指气候平均状态随时间的变化，即气候平均状态和离差（距平）两者中的一个或两个一起出现了统计意义上的显著变化。不难看出，气候变化是一个较长时间维度下的概念，因此，谈论它时需要大量的监测数据和统计结果。如果不以极端天气为契机，那么在日常的天气节目中，气候变化这样一个宏大的话题将无从展开，气候变化的理念也难以通过气象主播、气象节目这一渠道渗透给普通民众。

3 新闻主播与气象主播的自然互动

当发生极端天气事件时，气象主播在节目中的角色往往是气象专家，而新闻主播则代表了广大观众，提出民众的关切、不解和需求。有时为了追求节目传播信息的零差错，新闻主播与气象主播之间的提问与回答会稍显僵硬、呆板。而在这期节目中，可以明显感受到两者之间互动如朋友般真实，有生活上的调侃，有非气象专业人士角度的自然提问，有直播连线中不可避免的抢话，这种自然互动也一定程度为节目的整体效果增色不少。直播节目对互动内容做提前的策划无可厚非，也非常必要，但提前准备好的内容不应成为直播互动过程中的枷锁，这样反而限制了两位主播的真实感受，进而也让观众无法更好地融入聊天场景接受信息。因此，如何真正地接地气、讲白话，也是一门学问。

中英文释义

News anchor: Thank you. Tell you, I'm not looking forward to that 4 degrees here in New York, but let's move out west if you will, what conditions will fire crews face this weekend?

Jeff: Yeah. So, the conditions are not gonna be as bad as they've been over the past couple of days, but still, we have a fire weather warning in effect through Sunday. And the reason is we still have this persistent area of high pressure and this wind that's basically out of the east here, down slopping the mountains. And when it downslopes the mountains, it dries out and heats up. So humidity 10%–15%, wind gusts are likely to be about 30–50 miles an hour at times. That's going to fan the flames. Certainly not much help, but a little bit better as we head into Monday, conditions will begin to improve.

News anchor: But you know Jeff, it's almost... oh sorry, go ahead.

Jeff: And here's, here's the ... oh go ahead. Well, I was gonna say this. So, we have this big area of high pressure across the west coast. Now notice that it keeps all the moisture to the west through Monday, Tuesday, Wednesday of next week, even as we head into next weekend, all the moisture shoved west by this big ridge of high pressure. That means dry air is gonna linger all week. For at least the next 10 days, we are not gonna see any rain.

News anchor: But Jeff, I don't understand. It's almost winter and we're still talking about western wildfires. How can we explain this extended season?

Jeff: All right, it's just a little bit complicated, but we'll go through it for you. So, the bottom line is, last winter was very rainy and in fact it was the second wettest in California's history. Now that caused a lot of vegetation to grow very quickly. And that means there's a lot of fuel to burn, a lot of vegetation that's ripe for those fires to break out. Now since May, over 6 months ago, we've only had 2/10 of an inch of rain in Los Angeles, less than a quarter of an inch over 6 months. So, conditions are very ripe for fire. And this has something to do with climate change. Let me show you this. If we look back to around 1980 or so, and then you look forward to around now, look at how the temperature has risen and the number of fires has really gone up, about 3–4 times in terms of the amount of large fires. And the season has increased by 2.5 to 3 months across the west. So, let's put all the pieces together. There've been 2 studies that have come out over the past couple of weeks or so, connecting climate change to a stronger ridge of high pressure in the west. So, what we're seeing here is, these ridges of high pressure more persistent, they are larger and they're keeping all that stormy weather blocked well to the west. That means it's warmer and it's drier. And one of those studies says that we are gonna probably see a decrease in rainfall by about 10%-15% over the next several decades.

新闻主播：谢谢！说实话，我一点也不期待纽约只有 4 ℉（-15.6℃），不过我们还是来关注一下西部，本周末救火队会面临什么样的情况呢？

杰夫：好的。情况相比过去几天有所好转，但火险预警会一直持续到本周日。原因还是这个持续的高压系统，另外，风都是从东边吹过来的，会顺着山坡下沉，这时就会增温并变得干燥。所以湿度只有 10% ～ 15%、风速达到 30 ～ 50 英里 / 时（1 英里≈1.609 千米），这些条件都会助长火势。这周末的情况对救火肯定是没有太大帮助的，不过到下周一可能会好一点，天气条件会有所好转。

新闻主播：但是杰夫，现在几乎是……抱歉，你继续。

杰夫：而且这里……噢，你说。我刚刚是想说，在西部有这样一个庞大的高压系统，可以看到，它把所有的水汽都隔绝在了它的西侧，下周一二三都是如此，即便到了下周末，水汽还是会被这个高压脊困住。这也就意味着，西部未来一周都还将持续干燥。至少未来 10 天，都不会出现降雨。

新闻主播：但是杰夫，我有点不明白，都已经差不多冬天了，我们还在聊西部的山火。怎么解释这种山火季的延长呢？

杰夫：好的，这个会有一点复杂，不过我们会一步一步来说。首先一个关键因素是去年冬天雨下得很多，事实是加州历史上第二潮湿的冬天。这就致使草木生长得很快，从而有很多燃料。可以说草木的成熟给山火爆发提供了条件。接下来，从 5 月开始的过去 6 个月，洛杉矶的降雨量只有 0.2 英寸（约 5 毫米），整整 6 个月连 0.25 英寸（约 6 毫米）的雨量都不到。所以对于火灾来说，条件很成熟。而这同气候变化也有关系，来看一下这个图表。回溯到 1980 年左右，一直到今天，你会发现气温升高了，大型火灾也增多了 3 ～ 4 倍吧，而且西部的火灾季也延长了 2.5 ～ 3 个月。所以让我们把所有这些因素综合起来，过去几周有两个调查研究都把气候变化和西部更强的高压脊联系了起来，我们看到的是这些高压脊更持久、更庞大，它们把风雨天气都隔绝在了偏西的范围，所以加州一带的天气会更暖更干。其中一项调查研究推测未来数十年，降水可能会减少 10% ～ 15%。

经典提炼

persistent *adj.* 持续存在的；执着的，坚持不懈的

例句：I had a persistent cough for over a month. 我持续咳嗽已经一个多月了。

Only persistent study yields steady progress. 只有坚持不懈的学习才能取得稳定的进步。

slope *n.* 斜坡，斜面；倾斜；斜率 *v.* 倾斜，歪斜

例句：Saint-Christo is perched on a mountain slope. 圣克里斯托坐落在山坡上。

The street must have been on a slope. 那条街一定是在一个斜坡上。

The slope increases as you go up the curve. 你顺着那条弯路往上走，坡度越来越大。

sloping shoulders 斜肩

The writing sloped backwards. 那字迹向后斜了。

It was a very old house with sloping walls. 这房子很旧，墙都歪了。

dry out 变干，使……干硬

例句：If the soil is allowed to dry out the tree could die. 如果土壤干硬，树就会死掉。

heat up 变热，升温；把……加热

例句：Then in the last couple of years, the movement for democracy began to heat up. 于是在过去几年里，民主运动开始升温。

In the summer her mobile home heats up like an oven. 在夏天，她的活动住房会像烤箱一样热起来。

She heated up a pie for me but I couldn't eat it. 她给我热了一块馅饼，可我不能吃。

shove *v. & n.* 挤，猛推

例句：He shoved her out of the way. 他把她推开。

She gave Gracie a shove toward the house. 她把格雷西向那所房子猛地一推。

linger *v.* 徘徊；持续存留

例句：The scent of her perfume lingered on in the room. 她的香水味在房间里久久不散。

It's strange how childhood impressions linger. 童年的印象经久不忘，真是不可思议。

bottom line 关键，最重要的因素；底线

例句：The bottom line is that it's not profitable. 最重要的是这无利可图。

She says $95,000 is her bottom line. 她说 95000 美元是她的底线。

ripe *adj.* 熟的，成熟的；时机成熟的

例句： She bit into a ripe juicy pear. 她咬了一口熟透了的多汁的梨。

Reforms were promised when the time was ripe. 曾经作出承诺，时机一成熟就进行改革。

have something to do with… 与……有关

例句： My theory is it must have something to do with air travel. 我的理论是，它一定与航空旅行有关。

1 气候变化和极端事件

（1）气候变化

平均状态的变暖，不代表所有区域所有时段都是变暖的。例如，全球总体变暖，但个别地区是变冷的；冬季可能更冷了，但夏季更热了，而且偏热的程度大于偏冷的程度，所以总体平均仍是变暖的。用一个班级考试的成绩来比喻，气候变暖相当于全班平均成绩提升，但不代表每个人成绩都提升。即便是个人的总成绩提升，各科成绩也可能有起有伏，语文考好了，英语反而比之前分数低，但是所有的总分是上升的。可见，气候变化具有复杂性和非均一性。

（2）极端事件

政府间气候变化专门委员会（IPCC）将极端事件定义为：特定时间和地点，发生概率极小的事件，通常仅占该类天气现象的10%或更低，或者一定时期内，出现频率较低的或有相当强度的对人类社会有重要影响的天气气候事件。

国家气候中心定义：序列第95百分位值为极端多事件，第5百分位值为极端少事件；或者按照历史数据排位，高于（低于）历史前三位大值（小值），为极端事件。

（3）气候变化与极端事件的关系

在气候变化背景下，干旱、洪水、异常高温热浪、极强热带气旋等极端事件出现频次增多，极端事件本身并不是气候变化。类似肥胖会导致高血压、心脏病、糖尿病等疾病的发病率提升，但是这些疾病本身并不是肥胖。如果将肥胖看作气候变化，那么高血压、糖尿病等疾病就是极端事件。

引申拓展：2015年10月，东北太平洋的飓风帕特里夏创下西半球飓风之最，这就是一个极端事件。通过列举各大洋最强热带气旋和出现时间，可以看出，进入21世纪以后，随着气候变暖，极强热带气旋的极端事件发生概率增加了，印证了前面的观点。

②极端热浪天气回顾

（1）1995年芝加哥热浪——芝加哥第二极端高温

1995年7月12—16日，芝加哥连续出现高温天气。其中7月13日气温最高，中途国际机场测得41℃（106℉）。当地自1928年开始有完整气象记录以来，历史极值为1934年7月23日的43℃（110℉）。这一轮高温和以往的干热不同，湿度大，闷热。芝加哥所在的伊利诺伊州以及周边的威斯康星州、艾奥瓦州，露点温度超过27℃（80℉），创造纪录。因为湿度大，上述州部分站点体感温度极值达到54℃（130℉）。

仅高温当周（11—17日），医院的就诊人数比平时增加了11%，其中35%为65岁或以上老人，就诊患者中，59%的病症与高温有关。据统计，当年6月21日—8月10日，至少有692人因为高温热浪致死。

补充拓展：2012年7月4—6日，芝加哥奥黑尔国际机场和芝加哥部分郊区连续3天出现38℃（100℉）以上的高温，郊区部分地区气温达41～43℃。这是芝加哥自1947年以来，首次出现连续3天超过100℉的高温。

引申拓展：当出现高温时，65岁或以上老人患病概率更大，节目中可以增加类似的人文关怀。

（2）2003年欧洲和我国高温热浪

2003年8月，法国因高温热浪死亡人数超过5000人（法国卫生部估算的数字，英国媒体给出的是1.36万人）。

2003年，中国南方多地（如长沙、武汉、福州）气温创历史纪录，2017年武汉刷新了纪录。

（3）近年来国内外一些著名的高温热浪事件

2013年7月底至8月上旬，上海、浙江、江苏南部多地气温创历史极值。浙江新昌44.1℃，打破丽水43.2℃（2003年）的浙江省最热纪录；杭州7月25—28日连续4天超过40℃，8月5—12日连续8天超过40℃，8月9日极值达41.6℃，为杭州历史最热纪录；上海徐家汇8月7日为40.8℃，为1872年12月建站以来最热；台北8月8日达39.3℃，打破2003年8月9日38.8℃纪录，为1896年8月建站以来最热。

2015年5月中下旬至6月上旬，印度遭遇连续高温，气温达50℃左右，柏油路的斑马线都热化了，超过2000人热死。2015年7月1日伦敦为36.7℃，追平7月历史极值纪录。

引申拓展：世界气象组织（WMO）将32℃以上的炎热天气定为高温热浪；我国将35℃以上定为高温热浪。

3 海平面上升的威胁和后果

（1）数值模拟气候变暖，海平面上升的后果

如果无节制地排放温室气体，加速地球变暖，有数值模拟测算，假如升温12℃，海平面可能升高66米，那么我们地球上很多低洼地区就可能被淹没。比如孟加拉国，1.6亿人居住的国土将变成汪洋大海，湄公河三角洲将不复存在，柬埔寨的豆蔻山脉将成为岛屿，荷兰、丹麦都沉入了海底，波罗的海沿海也会消失很多土地，俄罗斯和乌克兰靠近黑海、里海的大片领土会被淹没，威尼斯也将成为历史记忆。

（2）实际观测到的气候变暖和海平面变化

1880—2012年，全球地表平均温度升高了0.85℃。1901—2010年，海平面平均上升了0.19米。1979—2012年，北极年平均海冰面积缩小速率为每十年3.5%～4.1%。

引申拓展：南极有厚厚的冰盖，如果气候变暖，冰盖融化，海平面将大幅上升。因此，世界上的岛屿国家，如马尔代夫积极奔走呼吁，致力于减缓气候变暖，以免遭受灭顶之灾。

4 风暴潮

在气候变暖背景下，近些年也监测到了破纪录强度的热带气旋。超强台风（飓风），不仅带来严重风雨影响，还会导致严重的风暴潮，引发灾难。

（1）风暴潮的含义

风暴潮指气压和风这两个气象因素引起的海平面上升。通常，台风、温带气旋等低压系统的减压抽吸作用以及向岸风的推挤引发的海平面上涨，会导致潮位明显增高。

（2）风暴潮和台风等低压的关系以及节目中的关注点

风暴潮一般引起的增水（海平面上升），大概是气压下降1百帕，潮位升高1厘米。如何理解呢？标准大气压1013.25百帕（101325帕斯卡）下，1平方米的海面上，折合承担101325牛顿的重力，大约10吨。台风低压，如"苏迪罗"临近登陆，气压在960～965百帕，比正常的大气压少50百帕左右，也就是5000帕斯卡，折合1平方米5000牛顿，即0.5吨。因为1立方米的水就是1吨重，1平方米上，半米高的水就是半吨重。所以，50百帕对应半米高的增水，1百帕即对应1厘米的增水。

当台风来临时，一般西行台风，如登陆台湾、福建、浙江、海南的台风，其登陆点北侧吹东风，从海上吹向陆地，除低压引起的海平面上涨之外，还有风吹过来的海水堆积，因此，这里的风暴潮最大，如登陆福建莆田的台风"苏迪罗"，在莆田北侧的福州受风暴潮的影响最大。

节目中的关注点：台风越强、气压越低，风暴潮越严重；西行台风登陆点的北侧最严重；当台风来袭时，特别要注意风暴潮是否会和天文潮叠加；防范海水倒灌，引发灾难。

（3）影响潮的因素和差异

影响潮的因素主要包括天文因素（如日月的万有引力，即引潮力）、地形因素（如杭州湾喇叭口、钱塘江大潮）、气象因素（如气压和风）。因此，如果不是特别强的低压气旋，气象因素一般不是潮汐变化的主要因素。一般农历每月十七八和初二三前后天文因素导致的潮位很高，为天文大潮期。所以，农历每月十七八有去看钱塘江大潮的习俗。由天文和地理因素导致的潮，通常都归为海潮（潮汐），具有周期性，通常每天有两次高潮和低潮。

 总结启示

本篇探讨了实时日播气象节目如何阐述气候变化，这对于整个节目团队都有着较高的要求，不仅需要策划人员有一定的气象知识储备和敏感度，能够抓住极端天气事件与气候变化的联系，同时还需要相关科研项目团队的辅助，以大量气象数据做支撑并在节目中加工处理成可视化产品，最后还需要气象主播以通俗易懂的语言介绍气候变化的情况和影响。在日常节目中引入一些既往气候变化的观测数据，不仅有助于丰富气象节目内容、回答民众关切，同时也能让气象主播承担起传播气候变化相关科普知识、增强应对气候变化行动的责任。

地理特点在气象节目中的话题延伸

 节目概况

本篇选取的是气象主播谢里尔·斯科特（Cheryl Scott）在NBC（美国全国广播公司）的 News 5 和新闻主播同台交流、讲解天气的节目，它有以下三个方面值得我们学习：气象主播和新闻主播控场比拼、副语言的作用体现、含有地理信息的气象预报。在预报信息方面，主持人从雷达监测开始讲起，预告因大湖效应即将有降雪来袭，之后从气温情况联系到风寒效应以及未来降雪的可能性等。其中包含了诸多天气系统方面的分析，信息量丰富且专业。

 案例解读

❶ 与天气预报融为一体的地理信息

现代天气预报节目中，主持人在讲解过程中会很自然地把地理状况、地理对气候的形成、地理对天气的影响讲述出来。这期 Cheryl Scott 的节目仅仅是一个样例：干冷空气经过相对湿润的大湖，可以裹挟蒸腾的水汽，在行进的过程中随走随下，出现降雪。实际上，山脉、河流、海拔都可以成为节目中信手拈来的话题延伸。

② 地理特点在我国气象节目中的体现

我国幅员辽阔，地理特点在气象中的话题绝不在少数。例如，气象术语"大湖效应"，在我国常被称为"冷流降雪"。烟台、威海所在的山东半岛北部一带就被称为"雪窝子"，其冬季降雪量远高于与其地理位置相近的其他地区，这与地形有着密不可分的关系。

此外，2020 年 11 月网上出现了热搜话题——《秦岭以一己之力阻挡了冷空气》。秦岭是我国南北方的分界，一座山使得山北和山南的气候完全不同，此外，新疆天山南侧和北侧的气候差距也是巨大的，南侧是大片的荒漠，少有绿色，而北侧则水草丰美。地理本是指人的生活环境和家乡的地形地貌，与其他因素相比，让人感觉更亲切、更有归属感、更容易引起共鸣，所以我们在气象节目中讲解天气过程时，应该融入对地理信息的一些表达。

中英文释义

It swam to other dolphins that were keeping watch nearby, alright? So sweet. I'm reunited there. Weatherwise. yes, no swimming of dolphins or humans right now. No, but I bet a lot of us are thinking about maybe a tropical vegetation or vacation. yeah, definitely.

It was chilly today unfortunately. Tomorrow we'll bump those temperatures up a few degrees and it will be a little bit brighter. But first and foremost, I want to start you right here, live Doppler five, not detecting a Whole lot of activity. But we still have those lake effect snow advisories off towards the east of our region. Let me put this into motion for you. And we have a flow out of the northwest so you can actually see those lake effect snow showers pouring into parts just off towards the wes...the east of our region there. So, for the northwestern Indiana lake and Porter, some of this could start to shift to west as we go into the overnight hours. So, some light snow in the forecast for you off towards our region Chicago and here looking to stay fairly quiet, a flurry or two possible.

Now Temperatures outside currently still cold. Chicago 14, wind chill of about 5 degrees. Taking ya back towards to Lockport 13 and we're showing a light wind speed there, but temperature all across the region will still continue to drop still a few more degrees. O'Hare current temperature there 14, DuPage 11. Factoring into breeze out there tonight at about 5 to 10 miles per hour, wind chills in the single digits currently, so we have that cool pull of air continuing to spill in.

Now tomorrow we will see those temperatures about ten degrees warmer near 30 degrees. When it comes to our skies, high pressure is building in, but you can still see some lake effect activity occurring just off towards the eastern half of the lake. So, we'll watch out for that, otherwise tomorrow that machine ends and will bring out some sunshine. And I just want to show you this, because it does indicate the potential for a few tenths of inch off towards lake and Porter County and the most of that will stay well to the east of our region. So be aware of that. Northwest Indiana tomorrow mostly sunny skies near 30, a quiet day, so we can enjoy that and then overnight Sunday into Monday, the clouds build in. We get a nice warm push up of air that brings in some rain for Monday afternoon. Cold side on the back side will bring in some snow showers. Overnight Monday into Tuesday light snow is expected there. We get a break on Wednesday and now our eyes are focused on Thursday. Keeping a close eye on this system if it stays on this current track as models are suggesting. Then significant accumulating snow is not out of the question. But that still awaits away. So, we'll keep your posted on that. For tonight, 11 for a low northwest Indiana and so possible tomorrow 30 degrees for a high not as cold. And then the week ahead showing those up-and-down temperatures. Rain to snow on Monday into Tuesday and more snow possible, Thursday into Friday.

Now Cheryl's whether photos sponsored by Weathertech. And this is a really neat shot sent by Steve off of lake Michigan. And if you weren't cold today, that will just made you feel cold. Oh, it's just one word, frigid, right?

That's impressive, yes Oh my gosh. Thanks Cheryl.

那只海豚游向了正在附近观望它的那些同伴，好可爱啊！我也要归队了，回到天气的话题，人和海豚都停止游泳。我想大家现在脑海中浮现的都是热带植物或者是在度假。必须的。

不巧的是，今天有点冷，不过明天气温会回升几度，阳光也会不错。首先我们来看一下多普勒雷达实况，虽然没有完整的动态监测，但我们还是可以看到大湖效应降雪正在向我们所在区域的东部移动。我们看一下动态演示，气流从西北方向过来，大湖效应的降雪正在涌入东部这些地区。对于西北部的印第安纳湖和波特，夜间这个系统可能会转向西移动，预报在之后的几个小时，我们芝加哥这边可能出现零星小雪，目前还没有动静，可能会有强风雪天气。

现在户外的气温还是很低的，芝加哥只有 14 °F（−10℃），风寒中体感温度只有 5 °F

（-15℃）。再回来看一下洛克波特，只有 13 ℉（-10.5℃），有点风。但是整个区域的气温会继续下降，奥黑尔现在的气温是 14 ℉（-10℃）、杜佩奇 11 ℉（-11.7℃）。考虑到今晚 5～10 英里 / 时（8～16 千米 / 时）的风速，风寒效应下体感温度可能只有个位数，而这股冷空气会继续影响。

明天可以看到将升温 10 ℉（约 5.5℃）左右，达到 30 ℉（-1℃）。

高压系统正在向我们这边移动生成，但是湖区东部仍然可以看到大湖效应活动，我们将密切关注这个系统的动向，不过明天就结束了，天气逐渐转晴。给大家看这个是因为它有可能给密歇根湖和波特郡带来几十英寸的降雪（1 英寸 ≈ 2.5 厘米），但是系统的大部分都将停留在我们这个区域的东部，所以印第安纳州西北部明天以晴天为主，接近 30 ℉（-1℃），挺不错的一天，我们可以好好享受。周日夜间到周一，云量会逐渐增多，我们会看到充足的暖湿气流在这里聚集，给周一下午带来雨水，之后的冷空气会随之带来降雪。周一夜间到周二的时候会有一些弱的降雪出现。周三降雪停止。我们重点关注周四，看一下这个系统是否继续沿图中显示的路线移动，很可能出现大雪，但还不确定，我们会随时关注。今晚印第安纳州西北部最低气温 11 ℉（-11.7℃），明天最高气温会达到 30 ℉（-1℃），没有那么冷了。我们可以看到这周气温起伏不定，周一、周二有雨或雪，周四、周五都有下雪的可能。

报道中的天气照片由 Weathertech 提供，拍得太赞了。史蒂夫在密歇根湖畔现场发回的报道。如果你还未体验到今天的低温，此情此景应该会让你感受到寒意。就一个字：冷！非常震撼吧，天啊，冻死我了！感谢，谢里尔！

经典提炼

breeze *n.* 微风；轻而易举的事；煤屑；焦炭渣 *vi.* 吹微风；逃走

例句：Lopez breezed into the quarter-finals of the tournament. 洛佩斯轻松进入了那次锦标赛的四分之一决赛。

single *adj.* 单一的；单身的；单程的

例句：Every single house in town had been damaged. 镇上的每一座房子都被毁坏了。

suggest *vt.* 提议，建议；启发；使人想起；显示；暗示

例句：I suggest you ask him some specific questions about his past. 我建议你问问他有关他过去的一些具体问题。

advisory *n.* 报告，公告 *adj.* 咨询的，劝告的，广告的，警告的

例句：26 states have issued health advisories. 26 个州已经发布了卫生警告。

flurry *n.* 疾风，飓风，骚动 *vt.* 使慌乱，激动

例句：A flurry of diplomatic activity aimed at ending the war. 一阵紧张的外交活动，旨在结束战争。

fairly *adv.* 相当地，公平地

potential *n.* 潜在性，可能性 *adj.* 潜在的，可能的

例句：The company has identified 60 potential customers. 该公司已确定了 60 位潜在客户。

track *n.* 轨道；足迹，踪迹；小道 *vt.* 追踪；通过；循路而行；用纤拉

例句：Track and evaluate your results. 跟踪和评估你的结果。

A cow stood on the tracks. 一头奶牛站在铁轨上。

accumulate *v.* 累计，聚集，积累

例句：accumulate experience 积累经验

If you want to accumulate enduring wealth, don't lend to him. 如果你希望积累更多的财富，就不要借钱给他。

气象点评

风寒效应是环境温度低于人体温度时，因风使体感温度较实际气温低的现象。

出现较大的 6 级风（13.4 米 / 秒）时，-15℃感觉有 -28℃，裸露的皮肤半小时就能冻伤；-23.3℃时感觉有 -40℃，10 分钟就能冻伤；-31.7℃时感觉有 -51℃，5 分钟就能冻伤。

气温（℃）

风速 (km/h)	风级	-15	-17.8	-20.5	-23.3	-26.1	-28.9	-31.7	-34.4	-37.2	-40	-42.8
8.1	2	-20	-24	-27	-30	-33	-37	40	-43	-46	-50	-53
16.1	3	-23	-27	-30	-34	-37	-40	-44	-47	-51	-54	-58
24.2	4	-25	-29	-32	-36	-39	-43	-46	-50	-53	-57	-61
32.2	5	-26	-30	-34	-37	-41	-35	-48	-52	-56	-59	-63
40.3	6	-27	-31	-35	-39	-42	-46	-50	-53	-57	-61	-65
48.3	6	-28	-32	-36	-40	-43	-47	-51	-55	-59	-62	-66
56.4	7	-29	-33	-37	-41	-44	-48	-52	-56	-60	-64	-67
64.4	8	-30	-34	-38	-41	-45	-49	-53	-57	-61	-65	-69
72.5	8	-31	-34	-38	-42	-46	-50	-54	-58	-62	-66	-70
80.5	9	-31	-35	-39	-43	-47	-51	-55	-59	-63	-67	-71
88.6	9	-32	-36	-40	-44	-48	-52	-56	-60	-44	-67	-71
96.6	10	-32	-36	-40	-44	-48	-52	-56	-60	-44	-68	-72

美国NOAA风寒指数（体感温度）

冻伤时间　　30分钟　　10分钟　　5分钟

推荐网站：http://www.wpc.ncep.noaa.gov/html/heatindex.shtml。这个是NOAA（美国国家海洋和大气管理局）网站，打开以后，可以输入气温和相对湿度，也可以输入气温和露点温度，折算体感温度。

延伸讲解：通常露点温度超过21℃，我们就会有闷热感，超过24℃就觉得很闷热。如果实际气温和露点温度之差小于3℃，说明相对湿度很大，通常不是下雨/雪，就是有雾。

总结启示

气象和地理的关系向来是密不可分的。除了气象元素之外，在天气预报中出现频率最高的应该就是地理元素了。经常有观众反映，说自己的地理启蒙源自电视天气预报节目，在节目中的地图上，不仅可以看到省、自治区、直辖市之间的位置，有些还会展示河流和湖泊，甚至市、县等更具体的行政区划。气象信息正是因为与地理、时间相联系，才体现出它很高的实用价值。

区别于其他节目的主持人，气象节目主持人的基本能力中地理素养是非常重要的一项。气象主播不仅要在节目中精准地指示出地图上的位置，而且要讲解出地理特点与天气之间的因果关系。地理特点在气象节目中的话题延伸不仅仅是内容的丰富，更是对预报结论的解释，可以让观众更好地理解为什么得出这样的预报结论、二者之间的内在联系是什么，也可以强化观众对地理信息的认知，将科学思维通过气象节目潜移默化地传递给公众，逐步提升公众的科学素养。

未来，如何更直观、逼真地展示地理特点对天气预报的影响是我国气象影视工作者需要不断努力的方向，相信借助VR（虚拟现实技术）、AR（增强现实技术）等新一代视觉技术，电视天气预报中地理特点的呈现效果将会不断提升，更易于观众理解其中的科学原理。

"专题类"气象节目科普元素的样态分析

节目概况

本篇所选节目重点介绍了什么是圣塔安娜风（一种干燥的下沉风），通过视频深入浅出地科普了圣塔安娜风是如何形成的，结合美国内华达州所受到的影响，分析了圣塔安娜风带来的危害。

案例解读

随着科技和网络的发展，气象节目中的科普比重正在加大。好的气象科普是"润物细无声"的，与气象节目信息本身自然地融为一体，不生硬刻板，也不刻意说教，在平等且互相尊重的基础上，面向公众传播较为深入细致的气象信息。近些年，随着灾害性天气与日俱增，面对突如其来的灾害性天气和重大天气事件，人们希望知道其形成的原因，这就给气象科普留下了充足的空间。气象科普节目以其第一时间、还原现场的优势，更好地为受众答疑解惑，更具权威性和可信度，可以增强视觉传播效果。节目中融合体现猎奇性、趣味性、服务性和真实性，使得天气节目在围绕基本气象要素传播这个支撑点的基础上，又可以实现气象影响力的多维度传播，并外延出更丰富实用的气象实用型信息。

有的科普直接融入实时节目中，进行随时随地的科普分析，有的则是按照特定的专题形成模型化的设计和打造。这次案例中的视频节目，就是一档独立于常规气象传播节目之外的气象科普，通过和热点新闻结合以及与近期的天气分析呼应，针对圣塔安娜风进行专题类的细致解读，结合大量生活案例的对比分析，把气象科学的传播变得更容易接受和理解。

中英文释义

The Santa Ana's are dry and hot winds that start when a high pressure driven cold front moves into Nevada's Great Basin. It pushes air down and to the west toward low pressure areas on the southern California coast. As the air descends from altitudes of up to eight thousand feet, it's compressed and heats up by five degrees for every one thousand feet it sinks, reaching temperatures as high as 100 degrees. Simultaneously, as the air channels through the mountain passes in canyons of the coastal ranges, it's squeezed which causes it to accelerate and move even faster.

The effect is similar to partially covering the nozzle of a garden hose, causing the water to spray out up to six times faster than it moves inside the hose. As the winds shoot out from the canyons, they can develop gust speeds up to 70 miles an hour. This means the winds could broad side a loaded semi-truck with more than 8600 pounds of force, or enough to overturn it.

But what makes the Santa Ana's most dangerous is that they are extremely dry, with humidity is as low as 5%. That's about three times less than the average humidity in some deserts. Now combined with the heat, this lack of moisture can actually parch vegetation and turn it into fuel for wild fire. In fact, at times the Santa Ana's have spread wildfires at speeds up to 5, 000 acres per hour, in effect, torching areas larger than the city of San Diego in less than two days.

圣塔安娜风是一种又干又热的风，高压牵引冷空气前锋进入内华达州的大盆地（Great Basin，美国西南部一片干旱的区域）峡谷中。高压持续将空气向西推动至加利福尼亚州西南部沿海的低压区域。当空气从海拔 8000 英尺（大约 2438 米）的地方下沉时，空气就会被压缩并升温，大约每下沉 1000 英尺气温升高 5 ℉（干空气每下沉 1000 米气温上升将近 10℃），最多的时候会加热到 100 ℉（37.8℃）。同时当空气灌入海岸山脉的峡谷时，会受到挤压，空气的速度加快。

这个道理类似于浇花用的喷水管，当你堵住喷嘴，喷射而出的水流速度会比在管内快6 倍之多。当风在山谷中穿行时，速度可达 70 英里（约 113 千米）每小时。这么大的风能把 8600 磅（约 3.9 吨）的货车吹倒甚至吹翻。

更危险的是这种风极度干燥，相对湿度可低至 5%，比沙漠的平均相对湿度还要低 3倍。干燥加上高温，这种缺乏水分的风就会烤干植物，引起森林大火。事实上，圣塔安娜风有时会使森林大火蔓延的速度达到 5000 英亩（约 20 平方千米）每小时。不到两天，过火面积就超过整个圣地亚哥市。

经典提炼

descend *vi.* 下降；下去；下来；遗传；屈尊 *vt.* 下去；沿……向下

例句：Things are cooler and damper as we descend to the cellar. 我们往地窖中下得越深，里面就越冷、越潮湿。

compressed *adj.* （被）压缩的；扁的

例句：The main arguments were compressed into one chapter. 主要的论证被压缩进了一个章节。

broad *adj.* 宽的，辽阔的；显著的；大概的 *n.* 宽阔部分

例句：The hills rise green and sheer above the broad river. 群山青翠，陡然屹立于宽阔的大河之上。

extremely *adv.* 非常，极其；极端地

例句：Three of them are working extremely well. 他们中的 3 个人工作极其出色。

气象点评

1 圣塔安娜风及其成因

名词解释：美国加州南部一种干热的风，多出现在秋冬和初春。

名字来源：风经过圣塔安娜峡谷吹下来。

大形势：美国西部有高压存在，加州在高压西南侧，吹东北风。

小地形：风被加速，且下沉增温。

② 圣塔安娜风是焚风吗？

不是！形成焚风需要在迎风坡水汽凝结，背风坡下沉增温，山两侧有明显的水汽差异。圣塔安娜风只有下沉增温，与焚风差了一个水汽凝结，不是完整的焚风过程。

③ 哪里有焚风和下沉增温？

美国的钦诺克风是焚风。

我国台湾遇到台风时，台东容易出现焚风。出现焚风也往往说明台风强度大。2008年9月13日12—13时，因为"森拉克"台风，台东气温突然飙升6.1℃，相对湿度也从84%暴跌至49%。当时台湾多地暴雨倾盆，而台东的雨基本都停了。

我国华北太行山东侧有时可以看到短暂的下沉增温现象。北京遇到弱冷空气时气温不降反升，或者凌晨突然升温，这就是下沉增温的作用。

华北出现3～4级的北风或西北风（与山地走向垂直最好），特别容易导致下沉增温。所以，冬天如果有冷空气来了，若是弱冷空气，且是从西北方下来，那么北京和石家庄的气温通常都不会明显下降；若有强冷空气，北京和石家庄的气温一般也比其他城市要下降得少一些。

④ 狭管效应及案例分析

狭管效应体现了流体速度和横截面的关系。

成因：当气流由开阔地带流入地形构成的峡谷时，由于空气质量不能大量堆积，于是加速流过峡谷，风速增大。

现象：视频中，用水管浇水，按压水管，水管变细，流速会加快，这是最好的实验证明。空气和水相似，都是流体。

城市大楼之间的风口、新疆的风口（吹翻火车），都会产生狭管效应。例如，2007年2月28日02时05分，乌鲁木齐开往阿克苏的5807次旅客列车行至南疆线珍珠泉至红山渠间42千米+300米处，因大风造成车辆脱轨。

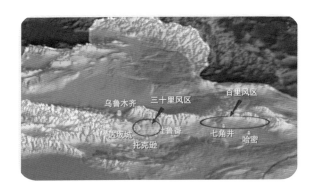

5 伯努利效应及案例分析

伯努利效应体现了流体速度和压强的关系。流体速度加快时，物体与流体表面的压力会下降。例如，对着两个气球或两张纸吹气，加速中间的空气流动，由于中间气压下降，两个物体会相互靠拢。

案例1：北京市朝阳大悦城外墙被大风吹落。如果墙壁有开裂，墙皮翘起来，就会有空气流入，当墙壁外边出现大风时，风速加大，外墙皮的压力变小，内墙壁的压力相对大，可能会把墙皮掀起掉落。建筑物的墙皮脱落时，如果下面刚好有人经过，可能会导致人员伤亡，因此大风天要特别小心外墙破损。

案例2：船吸现象和地铁的安全线。1912年秋天，当时世界上最大远洋轮"奥林匹克"的100米外，有一艘比它小得多的铁甲巡洋舰"豪克"号正在向前疾驶，两船平行着驶向前方。但正在疾驶中的"豪克"号好像被大船吸引似的，一点也不服从舵手的操纵，竟一头向"奥林匹克"号撞去，在"奥林匹克"号的船舷上撞出个大洞，酿成重大海难事故。

当地铁高速驶入或离开时，因为站台上人和车之间的空气被加速，气压下降，人会被推向列车，十分危险，所以站台上会划一条安全线，候车时不能跨出安全线范围。

总结启示

放眼欧美主要国家，气象服务社会化程度越高，气象服务与市场需求结合得越紧密，受众的科普意识越强，就越需要多种多样的传播手段进行气象科普宣传活动。因此，当今英美等国非常重视气象科普节目的打造。我国在气象服务社会化发展的大背景下，尽早建立成熟的气象科普节目运作模式，实现气象科普传播的多元化，实现实时节目的科普样态制作流程，都是气象服务社会化发展的必然要求。

媒体融合时代，新型传播模式不断重塑与构建。在此背景下，传播渠道极大扩展，流量带动平台的拓展，解决了气象科普节目传播效率较低的劣势。新媒体的渠道多元化，为气象科普提供了二次甚至多次传播的空间，也提升了传媒机构的经济效益，为气象科普节目提供了更为广阔的成长空间。气象科普节目的形态不是目的，而是一种为了达到更好传播方式的重要手段。在"流量经济"的驱动下，气象节目想要达到更好的社会影响力，并及时准确地传递气象科学，就应该在宏观、中观和微观三个层面不断尝试。从气象科普的理念、传播方式和终端效果三个角度，打造更符合当下新时代受众诉求的传播路径。

我们应看到媒介融合带来的机遇和挑战，推进气象科普节目等专业化和细分化更强的节目类型，以期在未来的气象传播竞争中占据优势地位。

天气现象背后的原理探究

节目概况

常规的天气预报通常只有一两分钟，但是今天带给大家的这期节目是天气预报的背后揭秘，所以用了更长的时间来搞清楚天气内部的关系，让我们一起感受一下这次"加长版"的天气节目吧！气象主播每天都会接触风雨云雪，但是气象要素之间的逻辑关系非常复杂，只有了解现象背后的原理，在传播解读气象信息的时候才能更加游刃有余、更加有传播效力，才能让气象节目在传播中更加具有可视性和权威感。

案例解读

节目通过三个基本的气象要素，即风、水、温度，形象生动地展示了大气循环之间神秘有趣的关系。

我们可以跟随一粒沙子的移动路径，了解沙尘暴的成因；走进水滴内部了解它的构造，看水滴如何变换出各种天气现象。我们经常碰到的暴风雨，它所带来的灾害往往并不是单纯因为水的重量和冲击力。水滴在从高空落下的过程中，会受到各种力的分解，变成小的雨滴，一旦温度变化，所有的元素就会有新的变量，雨滴会变为雪花或者碰并冻结成冰雹。所以，暴风雨给我们生活带来的影响和损失是复杂的，防灾减灾也并不是一句简单的口号，需要我们真的了解天气现象之间的深层原因和关联性。

All weather, no matter how rare and how unusual, can be broken down into 3 simple ingredients: wind, water and temperature. Some of these combinations make perfect sense. Mixing rain and wind creates a tempest. Mixing temperature and rain makes ice. But there are many that are more surprising. Take intense heat, add a strong wind, and you can help create rain.

所有天气现象，无论多么稀有，多么不同寻常，都可以分解为三个简单的元素：风、水和温度。有些组合意义非凡，风和雨融合产生风暴，雨在一定温度条件下会凝结成冰。还有很多更令人惊奇的，比如酷热加上狂风可以导致降雨。

The wind whips the dust up into the air, and eventually it finds its way into the clouds, where water vapor clings on to it and starts to form raindrops. The average dust cloud only travels between 40 and 80 kilometers before it dies out. So how does desert dust seed rain thousands of kilometers away from any desert?

风将沙尘卷入空中，最终将它们带入云，上面附着有水蒸气，形成雨滴。但是，一般情况下，尘埃云最多飘移 40 ～ 80 千米。那么尘埃云是如何在距离沙漠几千千米远的地方形成降雨的呢？

Assembling an inflatable to help them measure the dust. An extra vane at the top carries a miniature camera to keep a close eye on what's going on. Now he just needs to introduce some wind and get this dust storm started. The whole experiment is tiny compared to a real dust storm, but the principles are just the same. Individual grains are colliding against each other, propelling the small pieces high into the air. The dust particles aren't merely being blown about. They're bouncing. The kinetic energy from one particle is transferred to another, causing the smaller piece of dust to shoot skywards. So, bouncing is the secret mechanism that gets dust high up into the atmosphere.

A large dust storm can move 15 million tons of sand in a single go. When that dust has bounced high enough, it gets caught in global wind patterns, which move it around the planet. Some of that dust finds itself in a rain cloud where temperature and water combine to form water vapor.

我们来安装一个充气设备，辅助测量悬浮在空气中的沙尘。顶部的风向标装有迷你摄像机，近距离观察变化情况，所以现在只要引入风就可以发动一场沙尘暴了。模拟沙尘暴与实际的相比要小很多，但是原理相同。沙尘颗粒彼此相互碰撞，推到更高的空中。沙尘颗粒不断地被吹起来，还弹来弹去。一个颗粒的动能被转移到另一粒上，更小的颗粒会冲向天空。所以，这里的关键就是弹力，它可以让沙尘在大气中飞得更高。

一场大型沙尘暴一次就可以扬起 1.5 吨沙子。沙尘被弹到足够高的位置，就卷入全球风系，周游全球。最终一些尘土会进入雨云，也就是温度和水结合形成水蒸气的地方。

As the raindrop hits, part of it is attracted to the water. What bounces back up is a smaller droplet, about half the size. When that droplet hits, the same thing happens again. Around half of it stays in the puddle. These stick on in a process scientists call coalescence.

The quickest on record dumped 12 centimeters of water in just 8 minutes. The larger the lump of water, the more resistance it experiences. So, despite water's heavy weight, any damage rain causes is not down to the force of impact.

当雨滴击中水面的时候，它的一部分被吸入水中，反弹起一些更小的水滴，体积只有原来的一半左右。这些水滴落下时再产生相同过程，留下一半在水塘里。它们依附在一起的过程，被科学家称为凝聚。

最快的记录是 8 分钟内降水 120 毫米。（水滴下落时遇到空气阻力）体积越大，阻力越大。所以，尽管水很重，但是降雨造成的损失，都不是撞击力导致的。

 经典提炼

uncover *v.* 揭开揭露，移除移开

例句： The police have uncovered a plot. 警方破获了一项阴谋。

Everyone uncovered when the king appeared. 国王出现的时候，所有人脱帽致敬。

ambitious *adj.* 野心勃勃，有雄心

例句：He is so ambitious, so determined to do it all. 他是如此雄心勃勃、如此坚定，要把它做完。

reveal *vt.* 揭示，揭露；泄露；展现；显示；使露出 *n.* 门窗侧壁，窗侧

例句：I should be glad to give you any help if you reveal your thoughts to me. 如果你把想法透露给我，我愿意尽全力帮助你。

A survey of the American diet has revealed that a growing number of people are overweight. 一项有关美国人日常饮食的调查表明越来越多的人超重。

ingredient *n.* 原料，要素，组成部分

例句：The meeting had all the ingredients of a high political dram. 这次会议拥有了极富戏剧性的政治场面的全部要素。

combination *n.* 组合，联合，联盟

例句：And then I do a combination of them. 然后我会得出它们的一个组合。

Often, each of these stages is realized by a tool or combination of tools. 通常，这些阶段中的每一个都是被一个工具或工具组合实现的。

tempest *n.* 狂风暴雨 *vt.* 使暴乱激动扰乱 *vi.* 小题大做

例句：I hadn't foreseen the tempest my request would cause. 我没有想到我的请求会带来这么大的一场风波。

a tempest in a teapot 小事引起的轩然大波

whip *vt.* 抽打搅动 *n.* 鞭子搅拌器

例句：He threatened to give her a whipping. 他威胁要鞭打她一顿。

Whip the cream until thick. 把奶油打得黏稠。

cling *vt.* 坚持紧贴附着

例句：She clings to her father for support. 她总是依靠父亲抚养。

The wet clothes clung to his body. 湿衣服紧紧贴在他身上。

cling firm 保鲜膜

assemble *v.* 集合，聚集，装配，收集

例句：The students assembled in the school hall. 学生们在学校礼堂集合。

We want to assemble information for a report. 我们要为一份报告收集情报。

inflatable *adj.* 膨胀的，得意的，可充气的 *n.* 充气小艇，充气玩具

例句：The children were playing on the inflatable castle. 孩子们在充气城堡上玩耍。

collide *vi.* 碰撞；冲突

例句： Racing up the stairs，he almost collided with her. 冲上楼梯，他几乎和她相撞。

mechanism *n.* 机制，原理，途径，技巧

例句： the locking mechanism 一种锁定装置

a survival mechanism 一种生存机制

resistance *n.* 阻力；电阻；抵抗；反抗；抵抗力

例句： The U.S. wants big cuts in European agricultural export subsidies，but this is meeting resistance. 美国想要大幅度削减针对欧洲农业出口的补贴，但遭到了反对。

They yielded without resistance. 他们不作抵抗就屈服了。

Where there is oppression there is resistance. 哪里有压迫哪里就有反抗。

气象点评

1 凝结核

本期节目涉及了一个我们较为陌生的话题——云雾的凝结核。为了科普的方便，我们在学习雨的形成时常略过了一个环节，人们通常以为暖湿气流一上升便会凝结形成雨滴，事实并非如此，在雨滴之前还有一个云滴的形成过程，如果条件足够，云滴继续增长，才会形成雨滴。云滴的直径一般为几微米至 200 微米（一根头发丝的直径约为 80 微米），云滴很小很轻，可以飘浮在空中，云滴聚集多了便会形成云。当云滴直径增长到 200 微米甚至以上时，空气便托不住它，它这才会下降形成雨滴。当然，没有云的时候，大气中也会有云滴，只不过数量比较少罢了。

那么形成云滴需要具备什么天气条件呢？空气中的湿度必须足够大。相对湿度低于100% 为未饱和，达到 100% 为饱和，超过 100% 为过饱和，超过 100% 的部分称过饱和度。大气中的凝结核，有的在未饱和时便可有水汽在其上凝结，有的却要空气达到过饱和状态时才有水汽在其上凝结。我们把那些在过饱和度小于等于 1% 的条件下便能使水汽在其上凝结的大气粒子（灰尘等杂质）称为云凝结核。若空气十分纯净，无凝结核存在，水汽发生凝结的条件将十分苛刻，自然条件下难以满足，因此，凝结核在成云致雨过程中是必不可少的。

大气中许多尘埃、气溶胶颗粒都可以成为凝结核，其中吸湿性的核，如盐粒子等，更为有效。凝结核越大，最初形成的水滴也就越大，之后的增长对过饱和度的要求也就越低。

本期节目中提到的凝结核，就是指水汽在形成云滴的过程中所需要的凝结核。如果空气中没有尘埃等细小颗粒作为"核心"，纯洁大气中的水汽即便达到了饱和也很难发生凝结。因此，我们可以认为这些尘埃等是水汽发生凝结的催化剂，降低了水汽发生凝结的门槛。

可以说，悬浮在空气中的细小杂质颗粒是形成降雨的幕后功臣。

② 人工影响天气

从凝结核这个概念，还可以延伸出另一个重要的气象知识点——人工影响天气。人工影响天气指在适当气象条件下，通过科技手段对大气的物理过程进行人工影响，实现增雨雪、防雹、消雨、消雾、防霜等目的的活动。其中，人工增雨是指根据自然界降水形成的原理，人为补充某些形成降水的必要条件，促进云滴迅速凝结或碰并增大为可以降落的雨滴并降落到地面的过程。其方法是根据不同云层的物理特性，选择合适的时机，用飞机、火箭向云中播撒干冰、碘化银、盐粉等催化剂，使云层降水或增加降水量。人工增雨可以解除或缓解农田干旱，增加水库灌溉水量或供水能力，或增加发电水量等。人工增雨分为暖云（温度高于0℃的云）增雨与冷云（温度低于0℃的云）增雨。暖云增雨，是指在云中播撒盐粉、尿素等吸湿性粒子，促使大云滴生成，导致形成或增加降水。若要冷云降水，则需要利用飞机等播撒干冰、碘化银等催化剂，产生大量冰晶，使冷云上部的过冷却水滴冻结并增大而降落。

总结启示

天气节目专业性和时效性很强，但围绕核心的传播内容可以延展出不同样态的节目形式。本期节目就是通过纪录片的形式让气象主播将天气背后的故事讲述出来，以科普实验揭秘天气现象。例如，带我们走进沙尘暴内部体验飞沙走石，带我们飞进云端、穿过细雨，使我们对这些平日里常见的天气现象有了进一步的理解，也让我们感受到了大自然的威力和神秘。

我们也可以尝试在节目中植入更多的科普元素：一种是随机科普，当遇到重大天气事件或者高影响天气时，可以通过"预报＋科普"的方式，让受众对天气的认知更进一步；另一种是事先策划准备好的精细化、专业化科普，形式可以多种多样，如本期纪录片的形式就是一种很有传播价值的科普方式。

当下新媒体改变公众认知获取天气的途径，从过去完全依靠气象专家与官方单位，到现在更加强调科学平民化，努力强化公众之间的交流认知，让科学知识可以借由不同受众智慧不断修正重组，并高效传播，进而让大气科学可以更加透明公开化，不再全部依靠官方途径。所以这类纪录片形式的气象科普节目，可以更好地拉近气象与受众之间的距离，为他们打开新的信息对流窗口，对平日熟悉的天气要素，不再是简单地停留在表面的认识上，而是明白背后的气象科学原理，自主地形成链条式、发散式的传播模式，提升气象节目的综合影响力。

技术发展

图形的精准使用对信息传播细节的提升

本篇选取了美国天气频道（The Weather Channel）的两期节目，分别是早间的 Morning Rush 和 AMHQ（American's Morning Headquarters）。这两期节目的气象图形对比鲜明，一个使用常规化的平面图形，一个使用 3D 立体的复杂图形与场景。

两期节目都讲到了冬季常见的冷锋和大湖效应降雪。选取这两期节目，主要为了探讨在节目制作中应如何借鉴其对不同类型图形的灵活运用。

案例解读

美国天气频道对于图形的运用在业界是颇有口碑的，也可以说是目前将天气预报图形及其制作技术在日常节目中应用最出色的。他们的符号系统完善细致，不仅有气象要素，还包括天文（如太阳的盈亏、月相等），甚至多云的不同样态、白天和夜晚的晴天符号也会根据时间变化而不同，可以说他们使用的符号系统不仅仅是生动细致的，而且是有功能性且与时间有匹配度的。同时，美国天气频道包装使用 L 屏的信息展示方式，信息内容非常丰富，维度广泛全面，且展示的信息互不干扰，没有多余的画面，也没有影响观众接收信息的干扰因素。如此高的信息量展示，虽然不能说是一种国际化的通行趋势，但也确实体现了一种追求，一种对信息高度整合、高密度展示的追求。

美国天气频道这种丰富的图形信息的展示之所以不能说是一种通行趋势，是因为这种形式虽然画面展示非常丰富、信息量很大，"高级"的图形也很多，但是并不普遍，像以英国和德国为代表的另一种气象节目的风格，就是追求简约主义，不把过多的信息要素夹杂在图形当中，每一张配合主持人讲解的天气图形都非常精炼、直观、聚焦，这体现出各国的本土文化及大众审美等诸多因素的影响。

两期节目都展现了国外同行在气象节目中对于图形的巧妙运用，其中有立体酷炫的3D图形，也有传统直观的平面图形，我们从中可以明显地感受到不同的图形带给节目不同的视觉效果和传递出的服务价值。

①　复杂图形的特殊使用

节目以暴风雪为例，使用了丰富的3D图形，呈现出逼真的大湖，展现了效应来临带给我们生活的变化，视觉效果震撼，令人身临其境，可引起大家对自然灾害的高关注度。

受限于目前天气预报节目图形制作水平，这种虚拟现实的图形制作比较复杂，制作周期长，很难在日常节目中大量使用，所以可考虑提前策划、准备图形，当重大灾害性天气事件发生时，就能在节目当中使用这种图形，视觉效果的提升不言而喻，还可以达到更好的科普和服务目的。

②　简单图形的灵活应用

当使用传统的平面图形时，也可以通过丰富细节来达到更有价值的传播和服务效果。

（1）增加图形的深度，呈现节目的精细化

国外的节目在呈现时，非常注重区域的细节，会刻意避免大而全，更多地尝试用少而精的形式使用图形。如在讲解大湖效应预报时，只有一张全面的概况图，重点区域会放大，呈现更详细的内容，这样可以把局地的气象信息更详细地解读出来，真正做到点对点服务。

（2）简化背景，强化主题

节目中图形的美学应用也给了我们很多的启发，比如图形的底色大量使用灰色，干净简洁，添加任何复杂的天气符号也不会显得杂乱，反而主题突出。我们也可以在节目中小范围地尝试这种风格，达到干净、醒目的效果。

（3）动与静的表达

节目中动态图形的大量使用让我们眼前一亮。动与静的对比，加深了观众的视觉印象，强化了预报信息。

 中英文释义

Snowfall in last night, by the way, in western Illinois, and accompanying frigid air plunging south out of Canada. This is easily the coldest air this season. And it brings some howling winds right in behind it.

So, here's where the snow is in the Midwest for you right now. And you can see, in the blue shades here. It's coming off the lake, Valparaiso, La Porte, up toward Benton Harbor. Nothing but snowfall this morning does include the Knox area. So, heads up! Accumulating snow definitely headed your way.

You gotta think of Mike Seidel as well. And he is in the thick of it, so to speak, in New Buffalo, Michigan. Good morning to you Mike, how is it up there?

Hey, good morning! The makeover out here in New Buffalo is the snowfall, the lake effect. Look at the pile of snow. Let's climb the first snow pile this season, how about that? This is not too shabby for November. We'll take it. We've had 3 inches so far. And we may have another 3 inches or so. The lake-effect snow warning goes until noon today. And the roads, oh it's a little slushy here where they've plowed and salted.

Let me take you to Marysville, Ohio. This is northwest of Columbus' Ohio, and as that arctic front came through yesterday, and last night, we had a band of snow, we had four tenths of an inch at O'Hare in Chicago. And you can see the snow there. But unless you're downwind from a lake in a preferred area, you're not gonna have to worry about any more snow in the Midwest. Let me show you those advisories again. Northern Lower Michigan, Traverse City, almost down to Muskegon, here in this neck of woods, we got this county, Berrien County, Michigan, La Porte County, Indiana, under a lake-effect snow warning and northeast of Cleveland.

Oh look at this, we got the front loader here, taking my snow p.. don't take my snow pile away! Oh my God, umm I'm disappointed. Anyway, we're gonna have some snow there, northeast of Cleveland, Geauga County under a warning, including Chardon from 3 to 6 inches of snow. Mike Bennis, the morning was going so well and now this guy shows up and takes away my snow pile.

It's tragedy in New Buffalo, Michigan this morning. What's gonna happen once all the snow is gone? What's Mike gonna talk about, right? Hey Mike, awesome stuff this morning, thank you so much.

What an early taste of winter for so many of us, so let's get you through the big event. And it is this arctic blast of cold air that's coming down south. And for a lot of you, it means frosty mornings. Not to mention some snow, especially off the lakes there, take a look at the numbers. 46 right now in Atlanta. Good morning to you, Memphis, your temperatures at 43 degrees. In Montgomery you're greeted to 43, but a mild 62 for you in Jacksonville and 60s down through Florida. All that cold front it's got some tricks up its sleeves, diving southbound. Look at the numbers overnight tonight, just 28 in at Little Rock. You'll drop down to 27 degrees in Atlanta, getting down to 31 degrees in Baton Rouge. That cold air tomorrow means afternoon highs that are awfully chilly, only in the 40s and 50s. And then Thursday morning, what do you wake up to? Baton Rouge, 34. 46 in New Orleans, how about these numbers in Taxes. 36 in Dallas, and a 37 in Houston, it is downright frigid for that. We got freeze warnings and frost advisors in effect all across the south, including freeze warnings that go all the way into the Florida pan handle. It is not going to be a fun morning. Make sure you take the plants on the porch and bring them inside overnight tonight into Wednesday morning.

顺便说一下，昨天伊利诺伊州西部下雪了，伴随着从加拿大南下袭来的冷空气。这是本季温度最低的一股冷空气，并随之带来了狂风呼啸。

这就是现在中西部下雪的实况。我们可以看到，就在这片蓝色的区域，这是从大湖区来的。从瓦尔帕莱索，拉波特，一直到本顿港，今天上午全是雪，也包括诺克斯地区。降雪范围正在向你们所在的区域移动，所以要小心。

我们要连线麦克·塞德耳，可以说他现在就在雪下得最大的地方，密歇根州的新布法罗。麦克，早上好啊，你那里情况怎么样？

早上好！我们可以看到，由于大湖效应，新布法罗现在已是银装素裹一片。快来看这一大堆雪，这可是本季的第一座雪峰，攀登一下感觉应该会很不错吧！对 11 月来说这么大的降雪可不算低调啊，我们就笑纳了。目前积雪已达 3 英寸（约 7.6 厘米）。中午前可能还有约 3 英寸的降雪。路面已经开始铲雪，也撒了盐，但还有点湿滑。

我们现在看一下俄亥俄州马里斯维尔的情况。这里位于俄亥俄州哥伦布市西北方向，随着昨天北极锋过境，昨天夜里形成了一个降雪带，芝加哥的奥黑尔下了 0.4 英寸（约 1 厘米），大家在那里可以看到雪。但除非你是在大湖的下风向影响地区，否则你就不用担心中西部继续下雪。我们再来看一下预警图：从密歇根州北部特拉弗斯市，一直到马斯基根，就是这片林区狭长地带，密歇根州贝里扬郡、印第安纳州的拉波特郡还会有大湖效应带来的降雪，还有克利夫兰的东北。

哦，这里有辆大卡车，正在铲走我的雪……不要铲走我的雪堆啊！天啊！我好失望。继续刚才的报道，克利夫兰的东北会有些雪，乔加郡目前正在预警，其中沙登市降雪量预计 3 ～ 6 英寸（7.6 ～ 15.2 厘米，译者注：美国预报的降雪量指积雪深度）。本来今天早晨特别顺利，直到麦克·本尼斯这家伙突然出现，把我的雪清走了。

密歇根州新布法罗今天早晨的情况非常糟糕。如果雪都没有了，麦克还能报道什么呢？麦克，是不是？今早的外景太棒了，非常感谢！

难得这次降雪让这么多人提前享受了冬日美景，我们一定不会浪费机会，通过全景报道带大家体验此次过程。来看一下，就是这个极地冷空气向南爆发，携冷空气南下。对很多观众来说，这意味着伴随霜冻的早晨。更不用说还有降雪，特别是大湖附近。看看这些数字：亚特兰大现在是 46 ℉（7.8 ℃）；早上好，孟菲斯是 43 ℉（6.1 ℃）；蒙哥马利 43 ℉（6.1 ℃）；杰克逊维尔，温和的 62 ℉（16.7 ℃）；佛罗里达州都是逾 60 ℉（16 ～ 20 ℃）。这个冷锋在南下的过程中很强啊。看看今晚的气温：小石城只有 28 ℉（-2.2 ℃）；亚特兰大 27 ℉（-2.8 ℃）；巴吞鲁日只有 31 ℉（-0.6 ℃）。明天午后的最高气温会极低，只有 40 ℉（4.4 ℃）和逾 50 ℉（10 ℃左右）。周四早上醒来会是什么情况：巴吞鲁日 34 ℉（1.1 ℃）；新奥尔良 46 ℉（7.8 ℃）。看德州的温度怎样：达拉斯 36 ℉（2.2 ℃），休斯敦 37 ℉（2.8 ℃），简直是太冷了。在整个南方都会出现寒冷的早晨以及霜冻，即使在佛罗里达南部，清晨也很冷（译者注：pan handle 意为"锅柄"，佛罗里达州的形状就像是一个锅的把手），这样的早晨情况可不太妙。记得今晚把门廊上的花花草草搬进屋，周三之前别让它们挨冻。

经典提炼

by the way 顺便说一下，顺便问一下

例句：By the way, have you got the tickets? 顺便问一下，你拿到门票了吗？

frigid *adj.* 寒冷的，严寒的；冷淡的

例句：frigid air 冷空气

　　　　A snowstorm hit the West today, bringing with it frigid temperatures. 一场暴风雪今天袭击西部地区，带来了严寒低温。

plunge *n.* 投入；跳进 *vi.* 突然地下降；投入；跳进 *vt.* 使陷入；使投入；使插入

例句：At least 50 people died when a bus plunged into a river. 一辆公共汽车冲进了河里，至少有 50 人死亡。

howling *adj.* 咆哮的；极大的；哭哭啼啼的

例句：She flew into a howling rage. 她暴跳如雷。

nothing but… 只有……（除了……一无所有）

例句：He's nothing but a liar. 他不过是个骗子。

definitely *adv.* 清楚地，当然；明确地，肯定地

例句：I'm definitely going to get in touch with these people. 我一定要联系上这些人。

　　　　No, definitely not. 不，绝对不会。

pile of snow 雪堆

pile *n.* 堆；大量；建筑群 *vt.* 累积；打桩于 *vi.* 挤；堆积；积累

例句：The envelope was buried under a pile of papers on the desk. 那个信封被盖在桌上那堆文件的下面。

shabby *adj.* 破旧的；卑鄙的；吝啬的；低劣的

例句：His clothes were old and shabby. 他的衣服又旧又破。

slushy *adj.* 泥泞的；融雪的

例句：The road must be slushy. 那条道路肯定泥泞不堪。

plow *vi.*[农机] 耕地；破浪前进 *vt.*[农机] 犁；耕 *n.* [农机] 犁；北斗七星

例句：While most harvesting is still done manually, some have abandoned the ox-pulled plow for tractors. 虽然大部分收割还是手工的，但有些人已经不再使用牛拉犁而改用拖拉机。

salted *adj.* 盐的；有经验的 *v.* 加盐于；用盐腌制（salt 的过去分词）*n.* 盐；风趣，刺激性 *vt.* 用盐腌；给……加盐；将盐撒在道路上使冰或雪融化

例句： Season lightly with salt and pepper. 用盐和胡椒稍微调一下味。

各种调味品：salt 盐 sugar 糖 vinegar 醋 soy sauce 酱油 curry 咖喱 pepper 胡椒 mustard 芥末 butter 黄油

arctic front 极锋

arctic *adj.* 北极的；极寒的 *n.* 北极圈；御寒防水套鞋

例句： The bathroom，with its spartan pre-war facilities，is positively arctic. 这个有简陋战前设施的浴室实在冷极了。

antarctic *adj.* 南极的；[地理] 南极地带的 *n.* 南极洲；南极地区

polar *adj.* 极地的；两极的 *n.* 极面；极线

例句： If you live near the Arctic Circle，hug the closest polar bear. 如果你生活在北极圈附近，请拥抱离你最近的北极熊。

downwind *adv.* 顺风；在下风 *adj.* 顺风的

例句： He attempted to return downwind to the airfield. 他试图顺着风返回飞机场。

worry about 担心

例句： I have nothing to worry about in this life. 我这一生都很省心。

Today he does not have to worry about making a living. 现在他不用为生活发愁了。

show up 露面；露出；揭露

例句： You may have some strange disease that may not show up for 10 or 15 years. 你可能患上某种 10 年或 15 年内都显露不出什么症状的怪病。

The orange color shows up well against most backgrounds. 橙色在多数背景下都很能突显出来。

shrouding *n.* 覆盖 *v.* 用裹尸布裹；遮蔽（shroud 的现在分词）

例句： For years the teaching of acting has been shrouded in mystery. 数年来，表演教学一直被蒙上神秘的色彩。

Mist shrouded the hilltops. 薄雾笼罩了那些山顶。

tragedy *n.* 悲剧；灾难；惨案

例句： The book ended in tragedy. 这本书以悲剧结尾。

comedy *n.* 喜剧；喜剧性；有趣的事情

例句： The movie is a romantic comedy. 这部电影是一个浪漫喜剧。

scout *n.* 搜索；侦察；侦察员 *vt.* 侦察；跟踪，发现 *vi.* 侦察；巡视；嘲笑

例句： I wouldn't have time to scout the area for junk. 我没有时间在那个地区找废物。

blast *n.* 爆炸；冲击波；一阵 *vi.* 猛攻 *vt.* 爆炸；损害；使枯萎

例句：250 people were killed in the blast. 250 人在这次大爆炸中丧生。

greet *vt.* 欢迎，迎接；致敬，致意；映入眼帘

例句：She likes to be home to greet Steve when he came back from school. 当史蒂夫从学校回来时，她喜欢在家迎接他。

mild *adj.* 温和的；轻微的；淡味的；文雅的；不含有害物质的

例句：Teddy turned to Mona with a look of mild confusion. 特迪转向莫娜，脸上带着些许困惑。

overnight *adv.* 通宵；昨晚 *adj.* 晚上的；通宵的 *n.* 头天晚上；一夜的逗留

例句：Travel and overnight accommodation are included. 旅行及夜间住宿是包含在内的。

In 1970 he became an overnight success in America. 1970 年他在美国一夜之间成了成功人士。

The rules are not going to change overnight. 这些规则是不会突然改变的。

awfully *adv.* [美国口语] 极坏地；讨厌地，令人嫌恶地；恶劣地；糟透地

例句：Awfully hot, isn't it? 非常热，是不是？

downright *adj.* 明白的；直率的；显明的 *adv.* 完全，彻底；全然

例句：The man was downright rude to us. 这个家伙对我们无礼至极。

porch *n.* 门廊；走廊

例句：She huddled inside the porch as she rang the bell. 她一边按门铃一边蜷缩进门廊里。

气象点评

1 大湖效应

当冷空气经过湖面时，与相对温暖的水面接触，气团下部温度升高，并且水汽进入气团。底层的干冷空气变得温暖潮湿，与上层的冷空气形成大气不稳定（下暖上冷，头重脚轻），因此，底层变性的暖湿空气上升，凝结成云，特别是在湖对面的陆地，因为摩擦减速（还有地形阻挡），加大了空气的堆积，增加了辐合抬升的力度，有利于形成降雪。

我国山东半岛，特别容易出现这样的降雪。但在我国，它不称大湖效应，而称冷流降雪，道理是一样的，都是底层冷空气经过暖的水面，变性，然后遇到地形的摩擦和抬升，引发降雪，只不过把五大湖变成了渤海和黄海，陆地从芝加哥、布法罗、底特律换成了烟台、威海。气温不是很低时，还会出现一边打雷一边下雪的情况。有气象记录以来，山东

半岛最严重的冷流降雪出现在 2005 年 12 月。

2 锋面——锯齿朝向有讲究

影响我国的冷空气，一般从西北来，所以天气图上蓝色的冷锋尖大多指向东南。暖锋一般不单独出现，都与冷锋或锢囚锋相伴出现。天气图上出现在江淮和南岭一带的准静止锋，暖锋的红色半圆朝向北，冷锋的蓝色尖指向南。而在天气图上乌蒙山一带出现的准静止锋，蓝色尖指向云南，红色半圆朝向贵州。

3 锢囚锋

当冷锋后的冷空气追上暖锋前的冷空气时，会出现锢囚锋。此时暖空气被"囚禁"到冷空气之上，开始阶段，降水往往很强，但一段时间后，降雨会减弱，锋面也会逐渐消亡。

一般大西洋、日本以东的太平洋地区容易看到锢囚锋，这是温带气旋发展成熟以后常见的情况。欧美地区和日本上空容易见到锢囚锋和锢囚气旋。下图为 2021 年 9 月 25 日风云四号卫星拍摄到的日本东北侧的锢囚气旋。

总结启示

图像是气象电视节目的表达方式，其中图形又是图像表达非常重要的一个环节。如何更好地利用图形来传递节目的服务信息、提高气象服务，我们是可以深度挖掘的。

我们可以尝试在现有气象影视制作水平的基础上，有选择、有针对性地把这种更精细化的图形展示形式融入节目，补充其他表现手段的不足，更好地增强天气预报节目的可看性，实现更精细的服务功能。

通过对国外气象节目的分析来看，其实也并不是图形越复杂、越高科技越好，当然炫酷的图形确实可以增强节目的视觉效果和可看性，但是对于气象影视服务来说，在日常节目当中确实难以实现过于复杂的图形制作流程。图形终究是要为内容服务，为表达服务，为更好地解读气象信息服务。

对于气象影视工作者来说，在有限的时间利用更能配合精确表述的图形也是日常业务的基本追求，通过新媒体用更丰富的图形来做延展性内容也能够让公众对于气象有更多更深入的了解，激发公众对于气象科学的兴趣。

至于具体如何使用各类图形，其实也需要结合地域文化、节目属性、大众审美追求以及节目呈现内容等诸多要素。从通行趋势来看，随着科学进步、影视制作水平的不断提升，图形的丰富性、真实感都会大大提升，灵活运用、恰当配合内容呈现也是总体要求。而对于本土化需求来说，还需要气象影视工作者在实际业务中不断探索升级，有机会笔者也会对这一内容进行更加深入的研究和探讨。

充分利用新媒体拓展气象节目的边界

节目概况

　　本篇以美国天气频道的一档分析飓风"桑迪"的节目为例，了解国外气象节目中主播如何通过飓风（台风）的专业数据图形来向观众介绍台风和确定台风强弱的方法。本篇主要通过此类节目，探讨充分利用新媒体拓展气象节目边界的可能性和方式，为大家在节目制作及灵活运用平台方面提供有益的思路。

案例解读

　　本期节目主持人非常专业地运用空间分析方法结合等压线等具体数据，为观众进行关于台风这种天气系统更加直观和具体细致的解读。

　　在我国，台风预报一般使用的产品是风场、流场、台风路径等产品，会在图形上标注气压、风速等相关信息；但是美国天气频道的这位主持人使用气压场来表现台风影响过程的细节，通过等压线的疏密更加直观地呈现，当然这也需要主持人非常全面的分析解读。具体如何在节目中使用相关数据来做好气象科普节目，不是本篇探讨的重点，我们更希望能够以小见大地让大家感受到国际化的一些通行趋势和发展的必然。

　　随着媒体更加多元化，视频类的平台发展与之前不可同日而语，可以分发的平台非常多，也就给了我们无限可能。历史提供的平台机遇，让我们可以通过新媒体更好地拓展气象节目的边界和各种可能性。日常天气节目可能并没有如此充裕的时间和空间来将好的科普内容放在其中，但是这些平台的出现，使得我们的专业性和个人兴趣爱好有了更好的结合，可以让我们利用闲余时间制作这类短视频节目，很好地拓展气象节目的边界和外沿。

 中英文释义

When we talk about the strength of the storm, we talk about the wind speed, of course. But we also measure the pressure in the center of the storm. What's the barometric pressure right there at the center of the donut?

We measure that pressure with tropical systems in millibars. So how many millibars a system has. That's got to do with how strong it is.

Now, what are we actually measuring here? We're measuring the weight of the air above the storm pressing down on the earth. And right in the center of the eye, that's what's critical.

Now, if it's a fairly weak storm, they might have a pressure around 1000 millibars. The average around the whole earth is 1013. So tropical storms are low pressures, so a weak tropical system might have 1000 millibar pressure. Think of it as the air rushing into a well. But the well isn't very deep, so the pressure isn't very low. But if a storm gets stronger, the pressure will get lower. That's like a well being deeper. So, the air is falling into that well. It's coming in faster. And that's making the storm rotate faster, and that's what makes a stronger storm. So, a 940 millibar storm would be a lot stronger.

With Sandy, the models are indicating 950, 960, a spectacularly low pressure for the northeastern part of the U.S. this time of year or really any time of year. And that's why we are concerned about Sandy being a storm, with a lot of energy, spread out over a very large area. And that's the science behind millibars.

我们谈到暴风雨的强度时，自然离不开风速，但我们也要测量风暴的中心气压。也就是这个圆环中心点的气压值。

我们测量热带系统的气压用的单位是毫巴（译者注：毫巴为旧单位名称，目前改为百帕）。一个系统的强度主要由它的气压值决定。

好了，现在说说我们到底测量的什么。我们测量的是这个风暴系统上部压向地球表面的空气的重量。在台风眼中心，这是最关键的。

如果是一个比较弱的风暴系统，中心气压 1000 毫巴左右。在整个地球表面平均气压是 1013 毫巴。热带风暴都是低压系统，所以一个弱热带风暴气压大概是 1000 毫巴。我们可以把它想成是空气在冲向一口井，但是这口井不是很深，所以气压也就不是很低。但是如果系统变强，气压也会低，就好像井变深了。所以空气坠入这口井的时候，速度更快，这个系统也就旋转得更快，这样暴风雨就更强。所以 940 毫巴的系统明显会强很多。

至于热带风暴"桑迪"，现在模型显示是 950，960 毫巴。对美国东北部来说，每年这个时候，或者干脆说每年的任何时候，这样的中心气压都是特别低的。这就是为什么我们很担心，热带风暴"桑迪"会是一个能量很大的系统，影响很大的一片区域。这就是毫巴背后的科学故事。

经典提炼

the strength of a storm 暴风雨的强度

strength *n.* 力量；兵力；长处 *adj.* 坚强的；强壮的；擅长的 *adv.* 强劲地；猛烈地

例句：You gave me strength. 你给了我力量。

Giving speeches is his strength. 演讲是他的长处。

measure *n.* 测量；措施；程度；尺寸 *vt.* 测量；估量；权衡 *vi.* 测量；估量

measurement *n.* 测量；[计量] 度量；尺寸；量度制

例句：I envy her measurements. 我真羡慕她的三围。

bust/waist/hips measurement 三围（BWH）

in the center of the storm 在风暴的中心

in the center of... 在……的中心

in the heart of... 在……的中心

例句：There has been a massive explosion in the heart of Oslo. 在奥斯陆的中心发生了一起大爆炸。

tropical *adj.* 热带的

例句：The cool，sweet milk is just what you need in the tropical heat. 清凉的甜牛奶正是你在湿热的高温中所需要的。

延伸：extra-tropical 温带的 tropical disturbance 热带扰动

tropical depression 热带低压 tropical storm 热带风暴

disturbance *n.* 干扰；骚乱；忧虑 *vt.* 打扰；妨碍；使不安；使恼怒 *vi.* 打扰；妨碍

例句：Successful breeding requires quiet，peaceful conditions with as little disturbance as
　　　possible. 成功繁殖需要安宁的环境，干扰越少越好。

definitely / absolutely *adv.* 肯定地，当然地，绝对地

例句：I'm absolutely right. 我绝对是对的。

　　　Our boss will definitely attend this meeting. 我们老板肯定会出席这次会议。

weight *n.* 重量，重力；负担；砝码；重要性

例句：lose weight 减肥　　gain weight 增肥

　　　I'm lucky really as I never put on weight. 我真的很幸运，体重从未增加过。

press *vt.* 压；按；逼迫；紧抱 *vi.* 压；逼；重压 *n.* 压；按；新闻；出版社

例句：Press the button. 按一下这个按钮。

　　　Press the accelerator. 踩一下油门。

critical *adj.* 危险的；决定性的

例句：The incident happened at a critical point in the campaign. 该事件发生在运动的关
　　　键时刻。

average *n.* 平均；平均数；海损 *adj.* 平均的；普通的；通常的

例句：The average adult man burns 1,500 to 2,000 calories per day. 一个普通成年男子每
　　　天消耗 1500 ～ 2000 卡路里热量。

rush *n.* 冲进；匆促；灯芯草 *adj.* 急需的 *vt.* 使冲；突袭 *vi.* 冲；奔；闯；涌现

例句：I rushed to the airport. 我急忙奔向飞机场。

　　　Russian banks rushed to buy as many dollars as they could. 俄罗斯各银行急着尽可
　　　能多地买入美元。

rotate *vi.* 旋转；循环 *vt.* 使旋转；使转动；使轮流

例句：The earth rotates around the sun. 地球围绕太阳旋转。

　　　Stay well away from the helicopter when its blades start to rotate. 直升机的螺旋桨
　　　开始转动时，尽量离远点儿。

indicate *vt.* 表明；指出；预示；象征

例句：Our vote today indicates a change in United States policy. 我们今天的投票表明了
　　　美国政策的变化。

concerned *adj.* 有关的；关心的

例句：They are only concerned about making money. 他们只关心赚钱。

　　　We are deeply concerned to get out of this problematic situation. 我们非常想摆脱这
　　　种问题重重的局面。

气象点评

从台风的形状、结构、气压、风压、不同象限的影响等方面介绍台风的基本性质。

1 台风形状

台风的垂直高度为十几千米，水平尺度为几百千米到上千千米，两者之比为1：50，甚至1：100，因此，台风形状其实像个"大饼"，不是球形。

2 台风结构

从雷达图像上可以清晰地捕捉到台风眼、眼壁（紧贴眼区的环状回波）、螺旋雨带（不止一条，会带来强降水）。

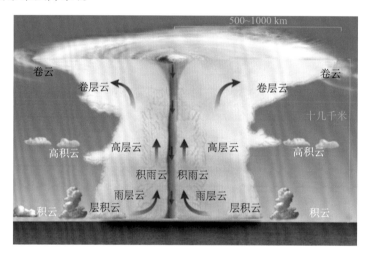

3 气压

（1）气压——天气图上的高低压圈怎么理解

我们从水平视角看到的圆锥如下左图所示，如果给这个圆锥标注高度（见下中图），视角从水平变成俯瞰，居高临下，看到的就如下右图所示，这就是在专业图上看到的一圈圈高压。

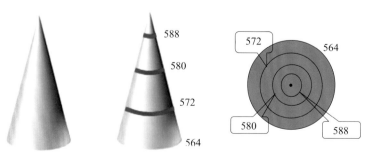

（2）气压——空气的压强

1013.25 百帕，海平面上的标准大气压。

如果把大气层整体看作一个人体，那么 850 百帕，大约 1500 米高，相当于人的小腿。如果在这个高度横切一个截面，其空气压力大约是地面上的 85%。

700 百帕，大约 3000 米高，相当于人的大腿。90% 的水汽集中在这个高度之下，因此，是否降水主要看 700 百帕和 850 百帕的水汽输送。

500 百帕，大约 5500 米高，好比人的腰部。可以代表对流层平均状态，或者引导低空天气系统的前进变化，所以气象上特别看重 500 百帕的意义。

200 百帕，大约 12 千米高，对流层顶部，如同人的头部，对流到此，差不多就停止了。

飞机一般在 250 ～ 225 百帕等压面上飞行。

（3）气压——海平面气压场和 500 百帕高度场的差别

海平面气压场，俗称地面形势图（场），是在同等高度下，看气压的高低。500 百帕位势高度场，俗称 500 百帕形势图（场），是在同等气压下，看高度的差异。其实无论是气压场还是高度场，数值高的，都是高压。

海平面气压场，相当于人光脚站在平地上，直接比身高，2.2 米的篮球运动员是高压，1.2 米的小孩子是低压。

500 百帕位势高度，大致是对流层的平均高度，意义重大，相当于一个人的腰部至胯部，是地面天气系统的引导层。对于人来说，腰部和胯部，决定人的腿脚往哪里走。比较腰部至胯部的高度大致可以反推人的高度。篮球运动员的腰部位置显然高于小孩子，因此，500 百帕位势高度场上，高度高的地方，对应的就是高压。

4 风压关系

地转偏向力和风向是垂直的，在北半球指向右侧，而且地转偏向力的大小和风速成正比。因此，等压线密集的地方风大（因为气压梯度力大，要平衡气压梯度力，就必须有大的地转偏向力，也就是风速会加大），实际风是准地转的。

风压关系——背风而立，高压在右，气压差越大，风速越大

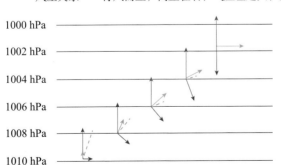

（备注：红色箭头为气压梯度力，蓝色为地转偏向力，绿色为风向，紫色虚线为合力方向）

5 台风不同象限的影响差异

西行或西北行登陆我国的台风，前进的东北侧一般是风最大的区域（紧贴副高，气压梯度大）；登陆华南的台风，一般西侧或南侧降水强（西南季风气流的输送）；如果是登陆福建的台风，往往北侧降水强度更大，北方有冷空气南下配合时更甚，2013年台风"菲特"登陆福建，浙江的雨很大，余姚地区出现严重内涝。

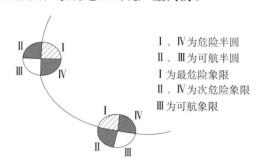

Ⅰ、Ⅳ为危险半圆
Ⅱ、Ⅲ为可航半圆
Ⅰ为最危险象限
Ⅱ、Ⅳ为次危险象限
Ⅲ为可航象限

6 小结

汛期关于台风的解读，我们可以通过各种"眼花缭乱"的雷达图、云图、气压图等专业数据，整理出逐渐清晰的思路，"看出"台风的走向、强弱及其带来的风雨影响。

（1）气压场（形势场），台风气压越低，强度越强。天气图上，台风的等压（高）线越来越密集，一圈又一圈，说明强度增强，反之则减弱。等压（高）线越密，风也越大。

（2）台风云图上，若结构变得紧凑，眼区越来越清晰，眼区小而且圆，对应强度越强；如果眼区变得模糊，或者眼区由小变大，说明强度减弱。对于主持人和公众来说，这一点相对最容易判断。

（3）雷达图上，可以关注降水分布是否对称，同时雷达上的台风眼区（无降水或弱降水区）对于判定登陆有很好的指示作用。

（4）台风的大风分布往往和周边的系统配置有关，一般西北行或西行登陆我国的台风，在其前进的东北侧风最大。

（5）地面天气图是基于海平面的，用气压的高低反映天气系统。高空天气图，如500百帕、700百帕、850百帕，是在同等气压下，用高度的差异反映天气系统，低值对应低压，高值对应高压。

总结启示

新媒体视频平台的发展，给气象节目创造了更好的展示平台和机遇。我们如何恰当地使用好这些平台，将我们日常节目中很难呈现的内容呈现出来，更好地配合热点、配合时机，结合主持人个人特点、爱好的延展内容，为受众提供更多元的气象节目，这就是历史为我们提供的机遇。

美国天气频道的制作模式，为我们提供了很好的思路。他们有固定的时间和栏目，阐述最近的热点天气系统或天气事件背后的科学知识。什么季节、什么时段、科普什么内容都是精心编排策划的。节目时机非常重要，不能以我为主，要"善解人意"。

如果没有发生天气热点事件，气象主持人还可以利用自己的喜好和学术专长来做科普，注重话题性和可视化，这使得面向观众零碎时间制作的天气科普短节目有了可能，也使得天气淡季变得不平淡。

从2014年开始，世界气象组织（WMO）一再强调，气候和气候变化的最新研究成果应及时地注入天气预报节目当中。一方面，在日常节目中，要擅于将气象学原理、新的研究成果和表达方式等，巧妙自然地融入节目，要能够用自己的理解将这些内容注入日常短节目当中，让公众很快地享受到新的成果。另一方面，在非实时节目中，要尽其所能地策划不同的关于气象信息的视频表达方式，如美国天气频道用心策划，将气象知识的传授可视化，画面表达让人眼前一亮，这也是我们借鉴的方向。

综上所述，气象传媒从业者应从公众的需求当中寻找努力的方向。随着科学技术的不断发展，除了在日常节目制作中，我们还可以充分利用新媒体平台，以引导公众从知其然到知其所以然的责任感，用契合我国传统文化的方式，用公众亲近和熟悉的语言，进行全方位的气象科普传播，从而拓展气象服务的广度和深度。

虚拟现实和增强现实在天气节目中的呈现

节目概况

　　本篇的 2 期节目均选自美国天气频道，充分体现美国天气节目的科技感，呈现两个概念：虚拟现实和增强现实。

　　解读美国龙卷走廊成因的节目以增强现实为主，它是一种将真实世界信息和虚拟世界信息"无缝"集成的新技术，即把原本在现实世界很难体验到的实体信息，通过电脑等科学技术模拟仿真后再叠加，将虚拟的信息应用到真实的世界，让真实的环境和虚拟的物体实时融合到同一个画面或者空间里，使两种信息互为补充，从而实现对真实世界的"增强"。

　　暴风雨模拟演示的节目是虚拟现实和增强现实的巧妙结合。主持人走进房间演示的部分以增强现实为主，在这之前对暴风雨的模拟为虚拟现实，基本实现方式是计算机模拟虚拟环境，从而给人以环境沉浸感。

案例解读

1 美国天气频道天气节目科技化的特质和影响

　　美国天气频道天气节目的历史基本划分为两个时代，即 1982 年 5 月以前和 1982 年

5月以后。从电视发明以来直到1982年5月，是气象节目的空白时期。1982年5月，美国天气频道诞生，从此不断推出新技术。从一档单独的天气节目发展演化为一个资源丰富、数据全面、技术先进的频道化、一体化、多元性制播模式。

近些年，美国天气频道的重心开始转移，不是通过"预报比别人更准"，而是依靠两个"撒手锏"来提升国际品牌和声誉，即充分本地化和体现科技感。本地化就是以"我"的生活场景为天气服务的重点，体现分众性和针对性；体现科技感，就是不再以"科普为目的"，而是以"科普为手段"，利用打造"天气实验室"的方式，借助现代化技术原理，把天气现象成因伴随在预报服务中，润物细无声地讲清楚、说明白。

科技感的植入和创新，开辟了全球天气节目在科技领域发展创新的全新维度。美国天气频道，坚持把新技术注入其中，做成全天候的气象科普，这已经超出了实时天气播报，而成为独立的天气文化科普模块。

2 节目特色

（1）增强现实技术让主持人说天气更加直观形象

应用虚拟现实和增强现实技术，可以让公众有身临其境的感觉。使用一些特效镜头，虽然增添了科技感，但对主持人的表演要求很高。现在有了更新的混合现实技术，让主持人也可以身临其境。

选取的第一段视频是以分析"龙卷走廊"成因为主线展开的气象节目，倾向于气象原理的分析和解读。主持人会在一个虚拟的沙盘前，与模拟出现实感的各种气流、云层、雷暴积极互动，利用一切辅助手段，使晦涩难懂的气象原理得到直观呈现。比如"干线"，主持人会通过电脑模拟出的墨西哥暖流与西南部沙漠带来的干空气交汇，让受众形象地感知这种交汇形成的热力不稳定性。

分析气团内部的结构时，主持人还专门引入一段动画，带我们到三万英尺（约9000米）高的一个大气团内部感受风雨雷电的真实碰撞，用三维动画的效果告诉我们其中的受力变化和龙卷的成因。

当然，主持人并不能完全走进天气系统，只能作为一个"局外人"讲解，他们和场景的互动会存在一定的局限。主持人需要具备非常扎实的气象知识，才能把这些理论深入浅出地讲解清楚。最为重要的是，还需要有一个团队来进行整体配合，为主持人提供很好地解读、演示天气成因和变化的平台。当然，对主持人的表达能力也有很高的要求。

（2）完全"沉浸式"的增强现实展示天气"看得见摸得着"

第二段视频中主持人在仿真的飓风现场，试图带我们身临其境去体验这种突发天气，设身处地地告诉受众要如何应对这种天气，增强人们防范灾害的意识和能力。

　　气象节目主持人需要有很好的现场把控能力和恰到好处的场景调度技巧，还要能清楚地讲明白需要我们关注的天气，以及这种突发天气会给我们的生活带来哪些不利影响。

　　这样的天气讲解方式与传统意义的天气解读有很大区别，它将我们融入虚拟的天气系统中，走进那些在现实中很难被"看见"的天气现象，把场景还原到让我们"看得见摸得着"，让我们在视觉上形成"沉浸式"体验。这种"沉浸式"的天气展示能够凸显气象节目社会化的服务意识，从而提升节目的竞争力。

中英文释义

　　Every state has tornadoes in United States, alright? And in the United States we have about 1, 300 over a year as I talked about with you the other day. But there are key things that's set up within this alley on a very frequent basis that give us a chance for tornadoes. They are instability in heats, and deep-layer shear or changing wind direction with high and environmental shear. Let's talk about this, the warm moist air comes in off the Gulf of Mexico. This is a typical springtime set-up for a plain's outbreak. OK, that's the example we're going to use here, and you can see all that moisture coming in from the Gulf of Mexico, it is a steady feed. As a matter of fact, it's very similar to what we are gonna have this weekend. Warm, hot, even hot dry air comes in off the deserts of southwest and meets up with that almost on a daily basis, so you wind up with this feature we call a dry line. That allows the air to converge on the surface and rise, and boom, all of a sudden you got thunderstorms. But one of the keys of the whole thing is changing that wind direction with height. To get that, we got an upper-level trough, the cold air aloft, also helps with the instability. But it more importantly changes the wind direction at height. You can really see that: notice the scissoring effect that's going on there between the low-level winds and the upper-level winds sent through here. We are talking about a 30, 000-foot chunk of atmosphere, so let's look at this a little bit closer here, we want to kind of dive into the clouds and take a little bit closer look at this. When the atmosphere sets up like this, this often does certainly in the spring, this is what it looks like from the three-dimensional image. You've got this horizontal roll. You see Greg Forbes often times take a pencil and roll it across his hand. Alright, this is this environmental shear that exists. But how do you get that up into the vertical? Well, clouds develop, thunderstorms form, Cumulonimbus clouds, and now you've tilted that rotation. And that is not the rotation that produces the tornado, there are other properties as we've talked about, like the rear flying down draft that actually gets you the tornado. But you have to have that initial supercell, that rotating large mesocyclone, to at least give you a chance or most of the times give you chance for a tornado.

　　美国每个州都有龙卷，对吧！之前我向大家介绍过，美国每年会出现大约1300个龙卷。龙卷走廊形成主要有以下几个原因：不稳定热源、深层风切变，以及受高空和环境风切变影响而改变的风向。具体说说来自墨西哥湾的暖湿气流。春季是平原一带龙卷的多发时段，我们将以这一典型龙卷天气为例。可以看到，水汽都来自墨西哥湾，这是一个稳定的供给。事实上，这和本周末即将发生的情况非常类似。温暖的，热的，甚至是干热的空气从西南部沙漠一带过来，与来自墨西哥湾的水汽相遇，几乎每天如此，这种天气特征我们称之为"干线"。这使得空气在地面迅速聚集、上升，然后，伴随一声巨响，雷暴天气就出现了。而整个过程发生的关键之一就是高空风向的改变。风向发生改变需要有一个高空槽，高空的冷空气也能增加不稳定性，不过更重要的是它能改变高空的风向。大家应该可以看到，在高低空的风之间有一种"剪刀效应"（风切变）。我们现在讨论的是在三万英尺（约9000米）高空的大气团，让我们再近距离潜入云层来仔细看看。大气这种状态通常发生在春季，从三维立体图像看水平的旋转，就像格雷格·福布斯总是拿着一支笔在手里转，这就是目前发生的环境风切变。但是怎样把这个系统垂直起来呢？好的，继续看，云层在不断发展，雷暴形成，然后积雨云，接着这个旋转系统就斜立起来了。但这个旋转并不会产生龙卷，还需要有我们之前提到的一些其他特性，比如后方的下沉气流，是会实际引发一场龙卷的。但是必须有一个初始超级单体，也就是那个旋转的中气旋系统，这样才会有机会或在大多数情况下产生龙卷。

 经典提炼

alley *n.* 小路

tornado alley 龙卷走廊

frequent *adj.* 频繁的，时常发生的

例句：She's a frequent visitor to the US. 她经常去美国。

instability *n.* 不稳定

例句：emotional instability 情绪不稳定

deep-layer 深层的

shear *n.* 切变

Gulf of Mexico 墨西哥湾

typical *adj.* 典型的；特有的

例句：Tom is everyone's image of a typical cop. 汤姆是每个人心中典型的警察形象。

converge *v.* 汇集，聚集

例句：As they flow south, the five rivers converge. 这 5 条河向南流，最终汇合在一起。

all of a sudden 突然地

upper-level trough 高空槽

aloft *adv.* 在空中；在高处

例句：He held the trophy proudly aloft. 他骄傲地把奖杯举向空中。

chunk *n.* 大块，大团

例句：Is it a giant chunk of roasted meat? 这是大块的烤肉吗？

dive *v.* 跳水俯冲

例句：They feared the stock could dive after its first day of trading. 他们担心这只股票在第一个交易日后会暴跌。

vertical *adj.* 垂直的

tilt *v.* 使倾斜；竖起

例句：Mari tilted her head back so that she could look at him. 玛丽把头向后仰了仰，以便能看着他。

rotation *n.* 循环；轮流；旋转

例句： The workers in this workshop do day and night shifts in weekly rotation. 这个车间的工人上白班和上夜班每周轮换一次。

the daily rotation of the earth upon its axis 地球围绕地轴的每日自转

① 龙卷刚生成时并非垂直状

许多人都以为龙卷是直接形成垂直状的。通过增强现实的展示，大家立刻明白了，龙卷首先是水平形成的，随后因为前后受力不均匀而导致水平状态被打破，这才形成了垂直于地面的龙卷。

② 龙卷多从中气旋里来

龙卷多诞生于更大尺度的天气系统之中，如中气旋。中气旋的外形是一个旋转的水平大气环流，从云状就可清晰地看出来，一般是超级雷暴发展的产物。在我国，超级雷暴的旋涡状有时不是那么明显，而直接表现为大型的雷暴。雷暴中，有剧烈的上升气流，也有剧烈的下沉气流，同时具有强烈的垂直风切变。这种条件下，往往会孕育出更小尺度的旋涡，这些平躺着的旋涡不断积累，在垂直气流的作用下可以从平躺转为垂直，这样龙卷就形成了，并形成强烈的小尺度低压，会把外界的更多大气和物体吸入进来。中气旋的直径范围有几十千米，而它的衍生物——龙卷的直径小，从几米到几百米。

③ 美国有个著名的龙卷走廊

美国从落基山脉延伸到阿巴拉契亚山脉一带，平均每年会形成约 1000 次龙卷，因为龙卷频繁出没，所以这一带俗称龙卷走廊。这里之所以会产生大量的龙卷，主要和地形地貌、气候、天气过程有关。

首先，北上墨西哥湾的气流会携带大量水汽不断向落基山脉东侧平原一带输送。其次，西风带的气流在翻越落基山脉以后会变得更加干燥，在经过美国西南部山地之后，空气没有水汽补充，愈加干燥。而中部平原一带被从墨西哥湾吹来的暖湿空气盘踞着。在干湿空气之间，有一条明显的分界线，即干线，加剧了暖气团的不稳定性。在大规模的天气系统如温带气旋的作用下，干线处会被触发而释放大量能量（潜热），有组织的对流天气就这样发生了，它会不断发展壮大而形成中尺度天气系统如中气旋、超级雷暴，龙卷便有了产生的可能。

4 不稳定能量是理解强对流天气的关键

龙卷等极端天气的生成有一定的规律可循。

首先，需要大量潜在的不稳定能量。这种不稳定能量由垂直方向上的冷暖、干湿、风切变形成，如下暖上冷、下湿上干、风速上大下小等，都可以造成大气层结不稳定。尽管这种结构不稳定，但是大气仍会处于垂直平衡状态，潜在的能量很难自我释放。这有点像连续的闷热天气，如果有扰动来触碰，则会引发狂风暴雨。往往是前期越闷热、闷热天数越多，接下来的对流天气越激烈，这种体验大家都不会陌生。

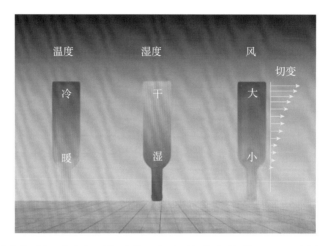

其次，需要触发机制。如同一堆干柴，想释放其中的能量，必须有火引燃。不稳定大气也一样，尽管大气不稳定能量很大，但如果没有"火"触发，能量也无法释放。这也类似炸弹的引线，通过引线才能让炸弹发挥出自己的威力。

总结启示

1 增强现实等新技术有利于更好地展示气象节目

随着增强现实等高新技术的发展，电视媒介可以极大地增强内容表现的现实感，因此，在科普类专题节目中增强现实技术使用概率会很大。科普节目涉及大量专业的气象信息，有些信息或概念很难用简单的语言解释清楚，但是通过增强现实等高新技术的配合，受众会感觉简单明了。增强现实技术就是将真实世界和三维虚拟世界结合，让大家通过图形更加直观地了解节目所阐述的内容。因此，未来随着"增强现实"等媒体呈现技术的发展创新，气象信息、原理、内容的展示将会更加形象生动，可视性、代入感会更强。

② 新技术发展为主持人"气象传播能力"提出更高要求

　　气象节目主持人要想更好地融入增强现实技术节目，除了要对气象内容非常熟悉外，还要更多地和虚拟场景互动。这不仅需要主持人了解气象、熟悉气象，同时由于气象原理展示从"二维"升级为"三维"，他们还需要建立对气象原理的"三维感知"，并在一个虚拟的三维空间中运用自己成熟的传播展现能力，引领受众一起走进那些看似复杂的科学环境。

③ 改变节目单一短小的惯有播出模式

　　可以借鉴美国天气频道的思路做天气科普。例如，在天气内容的基础上，利用融媒体平台造就的历史性机会，去颠覆观众对传统天气节目的认知，做出能反复传播的现象级天气节目单品，让天气产生更大的影响力，并转化为生产力。

④ 主持人对自我定位的把握和视频平台的利用

　　目前，多元化的视频传播平台是历史给我们的红利。我们要结合观众的喜好和自身所擅长的模式，把握当下视频平台的传播规律，充分增强自己的核心竞争力。美国天气频道的主持人在科技感塑造的虚拟现实中能演好一个天气主播，而我们在"演好谁"之前，先要考虑清楚在这样一个全新传播格局下"自己是谁"。

气象节目中科普元素的特点
和前沿趋势分析

 节目概况 ▎▎▎

　　本篇的 2 期节目均来自美国天气频道的《天气魔术师》（Weather Wizard），这曾是一档固定时段播出的天气科普节目。节目中，主持人借助道具模型，通过生动、通俗的讲解，向受众解释天气原理或天气现象。《天气魔术师》停播后，美国天气频道对天气解读这类科普内容进行整合和细分，以虚拟现实等技术发展为契机，推出了一系列多元化的节目内容。我们将以《天气魔术师》这档节目为例，梳理以美国天气频道为代表的天气解读类科普节目的特点和趋势。

案例解读 ▎▎▎

　　总体来看，在国际上，天气解读类科普节目仍属边缘化节目类型。2019 年，"气候变化与天气传播国际论坛"上，各国提交的 20 余档代表节目中，绝大部分仍是预报类节目，无一档专业天气科普节目，只有 2 档节目涉及了天气科普的内容。另外，通过对参会的各国气象主持人的调研发现，由于受到制作成本高、制作周期长、节目时长短、人员和设备配置少等诸多因素限制，大部分国家均未制作固定的天气科普节目，只有美国、加拿大、德国等少数国家设有常态化的天气科普节目。

虽然天气科普节目总体占比低，但作为全天候的专业频道，美国天气频道打破了天气节目时长限制，从开播至今，一直致力于天气科普节目的发展升级。

首先，科技进步让天气解读更具看点。早期，美国天气频道天气解读类科普节目主要以虚拟演播室或外景实景讲解为主，如《天气魔术师》，主持人在实景环境中配合道具以实验的形式向公众解释雷电天气现象原理。随着科学技术的发展和影视制作技术的进步，美国天气频道开始将广泛用于电影、游戏的虚拟技术运用到天气科普节目中，通过虚拟现实(VR)、增强现实(AR)以及混合现实技术（MR），基于实时数据和主持人解读，制造出极其逼真的天气场景。例如，在以飓风为主题的一期天气科普节目中，美国天气频道利用混合现实技术，展示飓风现场和由此引发的严重影响：洪水出现在天气节目主持人的身后，树木在风中摇摆、街道被洪水淹没、汽车漂浮在水中等情景都真实细致地呈现在受众面前。因此，在新兴技术的推动下，天气解读不再只是单一地讲解，而是让受众获得身临其境般的"真实"天气体验。

其次，在解读天气现象的过程中，除了要重视天气信息的可视化表现之外，还应注重通俗化表达。例如，主持人在解释和描述被加热的空气上升运动时说 "It fairly quickly starts jumping up"（很快它就往上蹦）；主持人在解释和描述雷暴云与普通积雨云的区别时说 "It's all about a little pocket, the small bubble on top of the cloud"（其实都是这些小口袋，在云上的小泡泡）。几个生动的口语词汇穿插使用，让节目气氛变得活泼起来，天上的事儿一下接了地气。

  中英文释义

1 How Thunderstorm is Formed

In order to get a thunderstorm, well, you need a lot of rising air. Sun heats up the air at the surface. It rises up through the atmosphere, forming that huge storm cloud. And that is one of the most powerful forces in weather.

But how is that possible? How can you have air moving through other air, and not mixing together?

Well, it does work that way. I'm gonna prove it.

We can't see the air. But we can see water. And they are both fluids. They work the same way.

So, what we've got here is a tub of cool water. Pretend this is our whole atmosphere. And this red, you know, that's hot water. And that is going to be like air that's been heated by the Sun. So, we're gonna put this at the bottom of our atmosphere. And check out what happens. It fairly quickly starts jumping up. And it doesn't mix, no. It's got the huge billowing cloud forming. That hits the top of the atmosphere where it can't rise anymore. And that's like our anvil spreading out the top of our thunderstorm. As long as we still have the heat, and we still have the Sun heating the air, we have that rising motion, and get really dangerous thunderstorms.

雷暴是如何形成的

雷暴形成需要有上升气流。太阳加热地表空气，上升到大气中，形成一个巨大的雷暴云，这是天气中最强大的力量之一。

但这是如何实现的呢？空气是如何在其他空气里穿行，还不互相混合呢？

好吧，实事确实如此，下面我来证明。

我们看不到空气，但是我们能看到水，都是液体，原理是一样的。

我们现在有一盆凉水，假设这就是大气。红色的是热水，代表被太阳加热的空气。我们把这个放在大气的底部，然后看看会发生什么。很快它就向上跳跃，也不发生混合，这是在生成巨型云。当它到达大气的顶部，再也不能上升了，这就是雷暴顶部。只要还有热度，太阳会一直加热空气，就会产生这个上升运动，然后危险的雷暴就形成了。

❷ Re-Create Thundersnow

Lightning, very common during the spring or the summer, not quite as much during the winter, right? Although it does happen. You've seen it gets very excited about thundersnow.

So, let's go through how lightning can happen in the first place. And you're probably pretty used to seeing this, a big, towering cumulus cloud that you see during the spring or the summertime, towering through the atmosphere, so easily crossing that threshold of temperature, somewhere near 14 degrees Fahrenheit where several types of precipitation can exist. That helps to separate the charges and make lightning possible.

But you don't see that huge tower during the winter. It's a very different setup, right? Instead, you've got this big expanse of clouds. That slate grey that seems to last forever. So where does the instability and that potential for lightning come from? It's all about a little pocket, the small bubble on top of the cloud, where if you're lucky goes through that 14-degree range or so, and has multiple types of precipitation, so the charges separate there. And that's where the lightning originates.

As you can see, much harder already. It's a very rare thing. Number one, the lightning doesn't happen as much. And number two, the thunder from it is muffled by the snowflakes themselves. So, if you're not in exactly the right place at the right time. You'll never even know it happened.

a big towering cumulus cloud that you see
在春季和夏季经常看到的

再现雷暴

春季和夏季闪电非常常见，但冬季就没那么常见了，对吗？但其实冬季也有，比如在下雪伴有雷暴的时候就会出现。

下面我们就来看看闪电最初是怎么产生的。这个场景大家可能都很熟悉，在春季和夏季经常出现：高耸的积云在大气中向上堆积，轻而易举就穿过了气温这道门槛。在接近 14 ℉（-10℃），即几种不同的降水相态共存时，电荷就会分离，这样就有可能产生闪电了。

但是冬季看不到这么大的柱状积云，形状差别很大。我们看到的是灰色的平板状层云，看起来好像可以一直保持这种形态。那么不稳定因素和产生雷暴的可能性来自哪里呢？就是这种小口袋，在云端的小泡泡。如果足够幸运，达到 14 ℉（-10℃）左右，有多种降水相态时就会出现。这时电荷就会分离，即闪电生成的源头。

可以看到，这种情况是很困难，很罕见的。第一，闪电在这里不经常发生。第二，由此产生的雷被雪花蒙住。所以如果不具备天时地利，根本看不到。

经典提炼

weather wizard 天气魔术师

wizard *n.* 男巫；术士；奇才

例句：The wizard recited a spell. 巫师念了一道咒语。

thunderstorm *n.* [气象] 雷暴

thunder *n.* 雷；轰隆声；恐吓 *vi.* 打雷；怒喝 *vt.* 轰隆地发出；大声喊出

例句：Did you hear the thunder? 你听到打雷了吗？

fluctuation *n.* 起伏，波动

例句：rising with slight fluctuations 在波动中上升

heat up 加热

heat *n.* 高温；压力；热度；热烈 *vt.* 使激动；把……加热

例句：Meanwhile, heat the tomatoes and oil in a pan. 同时，将西红柿和油放在平底锅里加热。

atmosphere *n.* 气氛；大气；空气

例句：These gases pollute the atmosphere of towns and cities. 这些气体会污染城镇的空气。

one of the ... （最高级）最……的之一

例句： one of the most powerful forces 最强大的力量之一

　　　　He was one of the biggest boys in our school. 他曾是我们全校最大个儿的男孩之一。

possible *adj.* 可能的

possibly, likely, Probably 都是"可能"的意思，可能的程度从轻到重排列。

例句： It'll possibly happen. 这事儿有可能发生。

　　　　It'll likely happen. 这事儿可能发生。

　　　　It'll probably happen. 这事儿很可能发生。

mix *vt.* 配制；混淆；使混合 *vi.* 参与；相混合；交往 *n.* 混合；混合物；混乱

例句： Oil and water don't mix. 油与水不相溶。

work that way 按那种方式运作

例句： It doesn't work this way/It won't work out. 这样没用。

work out 解决，作出，锻炼

例句： I work out three times a week. 我一周健身三次。

　　　　We can work this out. 我们可以解决这个事情。

prove *vt.* 证明；检验；显示 *vi.* 证明是

例句： How can you prove you're right? 你怎么证明你是对的？

fluids *n.* [流] 流体（fluid 的复数形式）；[物] 液体

例句： Make sure that you drink plenty of fluids. 一定要多喝水。

solid *adj.* 固体的；可靠的；立体的；结实的；一致的 *n.* 固体；立方体

例句： The snow had melted，but the lake was still frozen solid. 雪已经融化了，但是湖面上冻得结结实实。

pretend *vi.* 假装，伪装，佯装 *adj.* 假装的 *vt.* 假装，伪装，模拟

例句： Don't pretend to know what you don't know/Don't pretend that you know when you don't. 不要不懂装懂。

check out 检验；结账离开；通过考核；盖章

例句： They packed and checked out of the hotel. 他们收拾好行李，退了旅馆的房。

check in 报到，记录；到达并登记

例句： I'll call the hotel. I'll tell them we'll check in tomorrow. 我会给旅馆打电话，通知他们明天我们将登记入住。

fairly *adv.* 相当地；公平地；简直

例句： fairly quickly 相当迅速地

　　　　We did fairly well but only fairly well. 我们做得尚可，但仅仅是尚可。

the top of... ……的顶部

例句： the top of the mountain 在山顶

the top of the food chain 食物链的顶端

can't ... anymore / don't...any more 再也不能……

例句：She can't see him anymore. 她再也不能看他了。

You can't eat ice cream anymore. 你再也不能吃冰淇淋了。

两期节目就雷暴这一气象话题，分别从原理和季节特征两个层面展开。

1 雷暴的形成和特点

大气运动时有两种上升运动可以带来降水。一种是慢条斯理的上升运动，气象学称之为系统性的上升运动，通常讲的锋面、高空槽等系统带来的都是这种缓慢的上升运动，通常每小时才爬升 36 米，也就是 1 秒上升 1 厘米。另一种是十分剧烈的上升运动，称之为对流运动，上升速度通常可达 10 米 / 秒，甚至 50 米 / 秒。这种剧烈的上升运动，往往会形成雷暴。雷暴中形成的主要是积云和积雨云。当遇到剧烈上升运动时，民航飞机会受到极大威胁，要么绕行，要么提前找机场临时停航，等候雷暴结束。一般来说，这种雷暴寿命很短。

一朵积雨云相当于一部发电机，剧烈的对流运动能在短时间内发出大量的电。尽管实际中很复杂，但是总体来说，积雨云的下端一般是负极，上端是正极。下端的负极会感应地表，将地表的正电荷吸引过来。当云层下生成的电荷堆积到一定强度时，就会向地面放电而形成闪电。这与北方干燥的冬天摩擦起电的道理是一样的，但雷暴的发电方式不仅有摩擦这种简单的方式，还有冷热效应等其他复杂的发电形式。

电是怎样产生的呢？我们知道，物质都是由分子、原子等粒子组成的，每个粒子内部都有正、负电荷，平时因为正、负电荷电量相等，所以对外不显电性。当两个物体摩擦时，一个物体的电子就有可能跑到另一个物体上，两个物体分离后，因空气干燥而超级绝缘。人也是如此，一旦你带上电荷，不

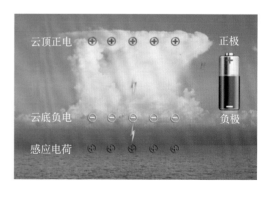

论是正电荷还是负电荷，当要接近另一个物体或人体时就会产生放电现象。将这种放电现象放大到天地之间，就是我们在积雨云中看到的闪电。

② 雷暴带来的天气和现象

雷暴是伴有雷击和闪电的局地对流性天气。它通常伴随着滂沱大雨或冰雹，在冬季时甚至会伴随暴风雪，因此属强对流天气系统。

有时雷暴并不是单兵作战，而是多个组合，排列成线状，我们称之为飑线。还有的雷暴，发展极为强烈，比普通单体雷暴强很多，称之为超级单体风暴，这在我国并不常见，在美国和南美洲比较常见，这种雷暴一般都会伴有龙卷。面对这种雷暴，人类的科技水平还不足以提前 24 小时提供比较可靠的预报，仅能宽泛地预测出现这种雷暴的可能性、可能地区，准确率通常很低，所以，预报员预报这种天气是要不惜"血本"的。

而对那种由缓慢的上升运动引起的降水，预报员的信誉是"盈利的"，因为在目前的科学技术条件下，这种降水预报准确率都在 80% 以上。打个比方，短期预报员在短期预报中，如果年降水预报得分是 86 分，那么那 14 分的失分，很可能就来自对雷暴所带来的对流性降水天气的错误预报。

雷暴所引起的积雨云和大地间迅猛地放电，会对建筑物、人体、电子设备等产生极大危害，如何避免放电造成的危害是人类对其开展研究的主要目的。

总结启示

① 新媒体成为天气科普重要阵地

在调研中我们发现，各国天气科普节目发展受阻，部分原因在于节目时长受限制，而新媒体发展恰恰解决了这一痛点。天气节目已不再受制于传统媒体的时间限制，播发途径不断延展，让基于科学的天气科普解读有了更广阔的平台。同时，新媒体打破了传统媒体的线性传播弊端，拥有交互性、社交化的天然优势，可与受众形成互动，使天气科普内容更具针对性。另外，在媒体融合的新语境下，利用多重终端和窗口呈现，形成天气科普传播矩阵，进而实现传播效果的最大化，也让天气科普节目的市场化拥有更多可能，从而实现传播效果和经济效益的双赢。

② 技术进步推动天气解读科普效果提升

虚拟技术和天气科普节目天然契合，虚拟现实技术对各类天气现象的逼真模拟，让受众感受到了最"真实"的天气现场。尤其在模拟天气灾害时，高温、暴雨等天气现象不再是冰冷的数字或者专业的气象术语，而成为受众在主持人带领下对极度炎热和倾盆大雨环境的"真实"沉浸体验，好比给受众进行了一次天气灾害应急演练。纽约霍夫斯特拉大学的实验研究就表明："虚拟现实逼真的沉浸感让受众产生更强烈的紧迫感和恐惧感，比传统天气预警更有效地促使受众采取防范措施。"不过，虚拟技术虽然在天气节目中已得到应用，但因花费成本高、制作周期较长等原因，还未实现常态化运用。短期看，可先从高影响天气或热点天气事件入手，实现虚拟现实等技术在天气科普中的积极尝试。

❸ 天气科普节目要求主持能力更全面

对天气现象的深度解读，是主持人专业素养和语言功力的重要体现。气象节目主持人不仅应具备扎实的气象知识储备，对天气背后原理以及防范知识也应有全面的了解，还应通过表达技巧，深入浅出地将天气现象进行通俗化表达，令受众准确获取并及时消化天气信息内容。另外，随着增强现实等虚拟技术在天气科普节目中的应用，主持人还需调动生动的有声语言和丰富的副语言融入虚拟场景中，以此来增加节目的感染力。因此，在此类节目中，主持人已不仅仅是天气现象的"讲解者"，更应是"表演者"，是天气现场的重要组成部分，配合虚拟技术营造出逼真的视听觉效果，让天气解读更具看点。

用多元的方式探索青少年气象科普的文化潜能

 节目概况

气象科普节目是气象节目中非常重要的一部分，而面向青少年的科普又是其中的一抹亮色。一直以来，青少年气象科普是中国气象局非常重要的一项公益活动，是气象服务的延伸和探索，为广大青少年普及气象科学知识，切切实实增强公众的防灾减灾意识，发挥好"气象防灾减灾第一道防线"作用。

本篇选取的是曾在美国社交平台传播很火爆的碰撞课程（Crash Course）。通过一期针对小学高年级学生推出的趣味科普短视频，从语言样态、总体设计以及呈现方式等多个维度共同思考，如何让少儿气象科普真正有趣起来。

案例解读

我们不难看出，这期科普短视频没有做得太详细、太深入，只是一个短短一分多钟的视频，但它将高空急流对于天气的影响基本阐述清楚了，这样非常便于少年儿童接受和理解。这与我们日常做节目的思路不谋而合，即如何能够更好地让观众在短时间内迅速抓住重点，理解我们所阐释的天气现象或原理。

语言上，这期短视频做到了生动、有趣、简单，以举例子、打比方的形式，将生涩的理论转换成孩子更好理解的生活中常见的现象。这些方法值得我们学习、借鉴。随着新媒体日新月异的发展，网络语言也在不断地大步向前发展，有意思、有趣已经成为节目最基本的要素之一。所以，对于天气预报节目来说，改变以往公报式的略显生硬的播报，转换以生动、有趣的语言样态，会更加吸引观众，便于他们更好接收气象信息，同时也更加符合新媒体传播时代的节目样态。

中英文释义

Last night, I checked the weather on my phone, and the app said clear skies all day. But this morning I got caught in a shower, not the one in my bathroom, the one that comes from the sky. Curse you, faulty weather app. But I can't be too mad. Weather is crazy difficult to predict.

We've already learned that the earth's shape, its distribution of land and water, and its rotation all affect the way wind moves around the world. Air, water, land and heat energy from the sun interact in really complex ways to create weather both in your area and around the world.

A cool breeze is a small local weather pattern. The jet stream, on the other hand, is a part of a global cycle. Jet streams form at the boundary between different cells of rotating air, which as you know from last time are caused by the uneven heating of earth's atmosphere at the equator and poles. And we talked about how jet streams are currents of fast-moving air about 10km above the earth's surface. Think of it as a tube of ridiculously fast air whipping around the world. I mean, jet streams move, people. And since they are the boundaries between two air masses, their movement affects us a lot.

Check out the weather report, and you'll see jet streams front and center on the maps. If the jet stream dips down from the poles in the winter, we are in for some serious cold for a few days. But if it lifts back up, it'll be more mild. So, you can see how moving air can affect the weather where you live. But what about moving water?

So, earth is complex. We've got deep ocean currents, crazy fast jet streams, cold fronts and warm fronts and sea breezes too. So, it's probably a lot to ask of my weather app to get the forecast right every single time. Sorry for yelling at you, phone.

昨晚我在手机上查了一下天气，APP 上说全天都是晴天。但是今天早上我却被淋了一身，不是在浴室里，而是下雨了。去你的，不靠谱的天气 APP！但是也不能太生气了，毕竟天气很难预报准确。

我们通过之前的系列都已了解，地球的形状、水陆的分布、地球的旋转都会影响风在全球范围内的移动变化。空气、水、陆地、太阳辐射以极复杂的方式互相作用，塑造了你那里以及各地的天气。

一阵凉风是局地的天气情况，而高空急流则是全球大气环流的一部分。急流形成于不同旋转气团的边界处。上次我们说过不同的旋转气团是由赤道与极地地区大气不均匀受热导致的。我们还说到急流是快速移动的高空气流，大约在地表上方 10 千米的高度，就想象它是一个速度惊人的气流管道吧。我是说，急流是移动的哦！而且由于它们是两个不同气团之间的边界，因此急流的位置移动会带来很大的影响。

看看天气预报，你会发现急流总是在地图上处于核心重要位置。冬天的时候，当急流南下，我们就要经历几天严寒。而如果它的位置有所北抬，天气就会温和一些。这样也能看出流动的空气是如何影响我们周围的天气的了。但流动的水呢？

所以说，地球很复杂。有深海洋流，移速超快的高空急流，还有冷锋、暖锋以及海风。可能是我们对天气 APP 要求太高了，每一次预报都准确真的很难。不好意思啊手机，不应该吼你的！

 经典提炼

say *v.* 讲，说；声称，说明；显示，表明

例句：What does your watch say? 你的表几点了？

The clock said four minutes past eleven when we set off. 我们出发时是 11 点 4 分。

get caught (up) in... 陷入（困境），被困于……

例句：Twenty-somethings get caught in the stresses and demands of a job but in doing so let other parts of their life slip. 二十多岁的人会陷入工作的压力和工作的迫切需要中，但这样做会使他们生活中其他方面的质量下滑。

How could these successful people get caught up in this scandal? 这些成功人士怎么会卷入这场丑闻呢？

faulty *adj.* 错误的，有缺点的，出故障的

例句：The money will be used to repair faulty equipment. 这笔钱将被用来修理有故障的设备。

This line of reasoning is faulty. 这样的思路有问题。

interact *v.* 互相影响；互相作用；互相交往

例句：You have to understand how cells interact. 你必须了解细胞之间是如何相互作用的。

While the other children interacted and played together，Ted ignored them. 当其他孩子相互交往、一起玩耍时，泰德却不理他们。

boundary *n.* 边界，界限

例句：Country boundaries are shown on this map as dotted lines. 这张地图上国界以虚线标出。

The boundaries between history and storytelling are always being blurred and muddled. 历史与故事的界限一直模糊不清。

lift *v.* 举起；抬头；提高，抬高

例句：She put her arms around him and lifted him up. 她双臂拥住他，把他举起来。

When he finished, he lifted his eyes and looked out the window. 他完成以后抬眼向窗外看去。

yell *v.* 大叫，叫喊

例句：I'm sorry I yelled at you last night. 很抱歉我昨晚对你大喊大叫了。

ask of... 向……要求

例句：I have a favour to ask of you. 我要请你帮个忙。

① 大气环流——曾经以为是单圈环流，其实是三圈环流

因为赤道地区接收热量多，南、北两极热量少，因此人们一开始以为空气是从低空的两极流向赤道地区，赤道地区空气上升，从高空流向两极，从低纬度到高纬度形成一个环流圈。但实际上，因为地转偏向力的影响，风在流动过程中就"跑偏"了，最终其实是三圈环流。热带地区的热空气上升到了高空以后，向两极流动，流动过程中变冷下沉。这个下沉气流是哈得来环流中的一个重要部分，也是副高形成的关键因素。因此，当热带辐合带很活跃时，副高往往会加强。

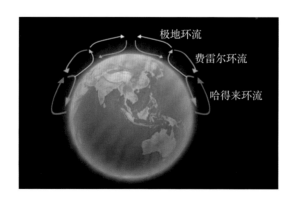

② 气团的分类和分布

气团概念里的冰洋、极地、热带、赤道，其实和实际地理中的极地、副极地或寒温带、副热带、热带相对应。大陆气团是干燥的，海洋气团是潮湿的，热带气团和赤道气团是热的，冰洋气团和极地气团是冷的。

气团按地理（纬度）划分：冰洋气团、极地气团、热带气团、赤道气团。

按海陆（湿度）划分：冰洋大陆气团（Ac）、冰洋海洋气团（Am）、极地大陆气团（Pc）、极地海洋气团（Pm）、热带大陆气团（Tc）、热带海洋气团（Tm）、赤道气团（E）。

❸ 急流

气团之间不仅有锋面，在高空还对应急流。相对偏北的是极地急流，相对偏南的是副热带急流。急流是强而窄的高速气流带（气流中的高速路），不同高度上的风速要求不同。急流能带来剧烈的天气波动，而且不同高度上的急流，作用也不同。

极锋急流：冬季主要位于 40°～60° N，地面上对应一串气旋或反气旋，有时南下到更低纬度（更南的地区）。夏季一般在北极圈附近。

副热带急流：稳定在 20°～30° N 的副热带地区。日本南部最强，对流层顶风速有时可达 150 米 / 秒。

热带东风急流：夏季南亚到阿拉伯海上的东风急流最强。

❹ 高低空急流对天气的影响

夏季低空的西南风或东南风急流（925 百帕、850 百帕、700 百帕高度上）会输送大量的暖湿气流，使大气变得不稳定；在急流最大风速中心的前方以及左前侧，有明显的辐合和涡度输送，水汽聚集抬升，有利于暴雨和强对流形成。

高空急流在南北两侧有明显的切变，导致辐合辐散，涡度变化，影响低空天气系统的发生发展。坐飞机时，在万米高空出现颠簸，大多和高空急流有关。

我国更看重低空急流的影响，而低空急流又和副高有很大关系。所以，重点还是看副高西北侧的西南急流或副高西南侧的东南急流。

	高空急流	低空急流
风速要求	30 米 / 秒（11 级风）以上	12 米 / 秒（6 级风）以上
自身作用	主要提供动力作用，引起地面系统的发生发展，增加大气不稳定度引发强对流等	主要提供物质基础，携带大量的冷空气或暖湿气流，导致气温暴涨暴跌或者剧烈降水等
两者叠加	高空急流遇到低空急流（耦合），容易出现强对流或强降水。尤其是北美中部地形平坦，冰雹、龙卷、暴雨等天气形势大多如此	

总结启示

青少年气象科普节目还有很大的发挥和发展空间，尤其是随着大量新媒体平台的崛起，给了节目充分的展示时间和展示空间。不过从实际创作角度考虑，想让青少年气象科普真正有趣起来，还需要踏踏实实地完善细节。

首先，聚焦高关注度话题，跟随热点。受众最为关注的是天气引发的新闻事件以及高关注度天气背后的相关原理、成因等与科普相关的内容。所以，可以聚焦高关注度天气的成因、固定季节多发的天气、相关天气对人们日常生活可能带来的影响等与时俱进的话题，为青少年气象科普节目找一个更好的选材角度和科普契机，统筹规划。

其次，探索更为丰富的科普样态、表现形式和技术手段。有趣，不仅需要内容的配合，呈现方式的多元化也是重要辅助手段，如何充分利用好现有资源，更好地将内容与呈现方式向符合青少年语境、贴合青少年习惯的接受方式去努力，也不失为一种有益的尝试。

此外，如何在面对青少年的气象科普中更恰当地融入历史文化、节气文化、民俗文化等与气象相关的内容，让青少年在潜移默化中更多地接触和学习中国传统文化，帮助他们树立起文化自信，是我们气象传媒人的一份沉甸甸的社会责任。科普不是空中楼阁，基于我国传统文化的科普才能真正走进老百姓的心中。

公众
需求

从要素预报到影响预报——"气象传播"的服务特性

节目概况

本篇主要分析两位美国知名天气节目主持人约翰·莫拉莱斯（John Morales）和萨姆·钱皮恩（Sam Champion）的节目案例，分别是 John Morales 为 NBC 6（NBC，美国全国广播公司）做的 Live First Alert Doppler Radar 节目和 Sam Champion 为 ABC（美国广播公司）做的 Good Morning America 节目。

案例解读

① 通行趋势

从国际发展的普遍趋势来看，两档节目有一个非常显著的共同特征，即天气预报节目从"要素预报"向"影响预报"转变。虽然两档节目相隔时间较久，内容维度也不尽相同，但其内容中体现出来的由要素预报向影响预报的转变却非常一致，而这正是目前国内外天气预报节目努力的方向。

要素预报，是指对天空状况、天气现象、降水量、温度、湿度、风等常规气象要素的预报；影响预报，是指诸如能见度、道路结冰、积水、积雪等基于温度、湿度、风力、降水等气象条件对生产、生活影响程度的预报。从要素预报向影响预报转变，即将冰冷的数字和气象系统专业语言转变为老百姓能听懂、能类比、能感知的服务性表述，恰恰体现了天气预报作为生活服务资讯类节目的服务功能属性。

② 本土化特征

从本土化特征来看，两档节目因其基础定位，有无法相互取代的特质，也有着国家台和地方台讲解的不同视角及其相应的尺度。例如，国家台通常使用全国或者更大维度的地图，而地方台则使用省级、市级甚至能标注出区、县的地图。对天气现象，国家台通常会从更大的尺度和维度来策划和阐述，地方台则更喜欢利用精确到分钟的小尺度和更能反映局地天气状态的雷达等气象服务产品，精细地做好本地化气象服务。但是，若出现突发的、影响可能比较严重的灾害性天气，诸如龙卷、飑线等极端恶劣的天气，国家台也会使用像雷达这样的局地气象产品。

③ 节目主持人介绍及节目特点

（1）John Morales 的节目

主持人简介：John Morales，康奈尔大学大气科学专业（本科），迈阿密大学气象学专业（研究生）。

节目播出平台及时段：NBC 6-Live First Alert Doppler Radar，佛罗里达州傍晚节目，节目内容主要是播报佛罗里达州的降雨情况。

特点分析：图形相对单一，但适合地区性天气解读，实用性很强；语言设计感相对较弱，以看图分析为主，碎片化语句较多，不过信息点依然非常清晰和明确，逻辑连贯自然；主持状态专业、亲切且具权威感，肢体语言合理且具个人风格。

（2）Sam Champion 的节目

主持人简介：Sam Champion，东肯塔基大学广播电视新闻学。

节目播出平台及时段：ABC news-Good Morning America，全国早间节目，节目内容主要是播报寒潮对中西部地区的影响。

特点分析：图形丰富，人图互动密切，有利于解析天气原理；语言精准干练有节奏，逻辑层次清晰，设计感强，重点突出；主持状态积极饱满，时尚感强，肢体语言合理且具个人风格。

中英文释义

1 John Morales 的节目

News anchor: Now at 5, rain on the radar. A large system of storms has been moving across the state this afternoon, leaving us with a lit-up radar for the evening commute. Chief meteorologist John Morales is here with a closer look at your Live First Alert Doppler Radar, John?

John: Hi, Jackie. Well, we have a chance, not just of rain but of thunderstorms too. And what's left this evening, although as you can see right now, across the metro area, at this moment anyway there's no rain. It just rained though, a little while ago, in northern sections of Broward County. And again, there might be more rain on the way. Same applies for parts of the lower Florida Keys. Why don't we zoom in to a couple of spots here and show you what's going on and how these things are moving. Mostly sliding towards the northeast, see what I mean by parts of northeastern Broward just having seen some rain. And if I zoom in further into Broward County, you're gonna notice that, well, at least right now, nothing falling at the moment, although some roads are wet. More could be coming though soon for western, moving up from the Everglades. Meanwhile, in the lower Florida Keys, Big Pine Key just got wet. This shower is moving towards the northeast. Let me show you the future tracker here, as to what to expect this evening. Here's your time stamp 5pm, and we are gonna move forward here and show you how it's expected to behave over the next several minutes. And you can see by 7 o'clock, most of us, according to the future tracker, would be seeing rain. But look how quickly it dissipates between 7 and 8, gone. And the rest of the evening, just some isolated showers. The forecast for the rest of this week, which includes cold air, is on the way in a few minutes. Back to you.

新闻主播：现在是下午 5 点，从雷达上看有些降雨。今天下午一个大型风暴系统持续影响佛罗里达州，因此晚高峰时段雷达图上显示有一片高亮区域。接下来我们连线首席气象专家约翰·莫拉莱斯，来详细看一下多普勒雷达预警实况。约翰，你好！

约翰：杰姬，你好！目前看来不仅会下雨，而且可能出现雷暴天气。看一下今天夜间。尽管当前我们看到城区没有出现降雨，但布劳沃德县北部这些地区却刚刚下过雨，而且接下来可能再次出现更强降雨。佛罗里达群岛下游部分地区也会是同样的情况。我们放大地图来仔细看一下这几个地方目前的情况以及未来动向。（降雨云团）主要向东北方向移动，可以看到，就像我前面提到的，布劳沃德县东北部刚刚出现了一些降雨。我们把地图放大，拉近到布劳沃德县，可以看到至少现在当地没有出现降雨，但是一些路面比较潮湿。而西部地区很快就会受到降雨云团的影响，云团正从埃弗格莱兹（大沼泽地区）移来。与此同时，在佛罗里达群岛，大松礁岛刚刚下过雨。阵雨云团正向东北移动。接下来一起通过雷达追踪预报图来看一下今天夜间的情况。这张图是下午 5 点的情况，我们会从这一时间开始，看一下降雨系统在接下来一段时间会如何发展。根据预报数据来看，晚上 7 点大部地区会出现降雨，不过很快就会停歇，7 点到 8 点（降雨云团）就基本移出了。此后今天夜间就只会有一些分散性阵雨。本周余下的几天会有冷空气造访，预报结果将很快显示。情况就是这样，主持人。

2 Sam Champion 的节目

News anchor: Let's begin with that big freeze, snow and ice headed to the eastern half of the country right in time for the weekend. So, Sam, will a lot of weekend plans be affected by this?

Sam: Quite a few, Robin, good morning, Robin, Josh, Beyonna. Good morning, everyone. Let's start with this classic February snow-maker. We'll tell you right now 11 states have winter weather watches, warnings or advisories. The east coast ones aren't out yet, but we think they will be in a matter of hours. Starts this morning, worsens tonight about Chicago by about 1 or 2 o'clock in the morning. The following few hours we'll watch on the eastern seaboard. Here's how it all happens. You've gotten one big area of low pressure pulling out that moisture from the Gulf and the Atlantic. It's soaking wet. And we have another outbreak of arctic air working in, and there are some cold temperatures. Get those two together, in exactly the right way, we're gonna have snow in all those areas shaded in white. And here's the totals that we think it's likely to happen with anywhere in this white to grey area, which includes New York City, about 1–3 inches of snow. Places in the hot spot target zones will see 5–7, possibly up to 10 inches of snow. This all depends on the timing of this low, so you gotta stay up with your local ABC stations. We'll be following this big arctic outbreak of air with bone-chilling cold.

新闻主播：先来说说这次严寒，整个美国东部地区本周末恰好会迎来冰雪的影响。山姆，这会严重影响大家周末的安排吗？

萨姆：会有不小的影响。罗宾，乔希，碧娜，早上好！各位观众，早上好！我们从2月这个典型的降雪系统开始说起。截至目前已有11个州发布了不同级别的冬季恶劣天气预警。东部沿海地区虽然尚未预警，不过预计未来几个小时内就会发布。（降雪影响）今天深夜一两点从芝加哥开始，今夜情况会更加糟糕。接下来的几个小时，我们要重点关注东海岸天气。看一下具体情况：这里有一大片低压，携卷着来自墨西哥湾和大西洋的水汽。水汽过于饱和，同时有一股来自北极的冷空气加入，温度很低。两方面条件完全结合，恰好给图上这一片白色区域带来降雪。这张图是我们预计的降雪量，这些白色和灰色的区域，包括纽约城，会有 1 ～ 3 英寸（2.5 ～ 7.6 厘米）的积雪。而在这个重灾区，积雪可达 5 ～ 7 英寸（12.7 ～ 17.8 厘米），甚至达到 10 英寸（约 25.4 厘米）。这一切主要取决于低压的移动速度，所以大家还是要及时关注 ABC 地方台的报道，我们会持续关注这股强大的冷空气以及接下来的刺骨严寒。

 经典提炼

1 John Morales 的节目

light *v.* (lighted or lit) 照亮；点（火），点燃

例句：It was dark but the moon lit the road so brightly. 天黑了，不过明月照亮了道路。

　　　Mother lit the gas and began to cook the dinner. 妈妈点上煤气，开始做饭。

apply *v.* （对……）适用；申请

例句：The theory doesn't apply to this case. 这条理论不适用于这个情况。

They may apply to join the organization. 他们可能申请加入该组织。

zoom *v.* （摄影机镜头）推近或拉远 (in, out)

slide *v.* 下跌，跌落；打滑，滑落

例句：The dollar continued to slide. 美元继续下跌。

The glasses slid off the table onto the floor. 玻璃杯子全都从桌上滑落到了地板上。

I slid the wallet into his pocket. 我把那钱包滑进了他的口袋。

isolate *v.* 使隔离；使孤立

例句：She is determined to isolate herself from everyone. 她决心要与所有人断绝联系。

The patient was immediately isolated. 病人被立即隔离了。

② Sam Champion 的节目

head to 向……方向移动

例句：He heads toward me directly. 他径直朝我走来。

freeze *n.* 严寒期，冰冻期；（物价、工资等的）冻结

例句：The trees were damaged by a freeze in December. 那些树在 12 月的一次严寒中冻坏了。

a freeze on private savings 对私人储蓄的冻结

freeze *v.* 结冰，冻结；冻坏，冻伤；变得刻板不自然

例句：If the temperature drops below 0℃, water freezes. 如果温度降到零摄氏度以下，水就会凝结成冰。

In severe cold, your fingers can freeze onto metal handles. 严冬时，你的手指会被冻在金属把手上。

The smile froze on her face. 笑容不自然地僵在她脸上。

freezing *adj.* 极冷的；冷得人难受的

例句：It was freezing last night (or freezing cold). 昨晚天气极冷。

"You must be freezing," she said. "你一定冻坏了吧。"她说。

freezing *n.* 冰点，凝固点

例句：It's 15 degrees below freezing. 温度是零下 15 摄氏度。

moisture *n.* 潮气，水气，水分

soak *v.* 浸泡；（使）浸湿；(soak oneself) 沉湎，热衷

例句：Soak the beans for 2 hours. 把豆子泡上两个小时。

The water had soaked his shirt. 水浸湿了他的衬衣。

He soaked all over. 他浑身都湿透了。

I have to take an examination next week, so I must soak myself in the books. 下个星期我要参加一次考试，所以我得埋头苦读。

soaking *adj.* 令人湿透的；（大雨）滂沱的

例句： My face and raincoat were soaking. 我的脸上和雨衣上都湿淋淋的。

soaking rain 瓢泼大雨

bone-chilling *adj.* 刺骨的，透骨的

chill *n.* 寒冷

例句： September is here, bringing with it a chill in the mornings. 9 月到了，随之而来的还有清晨的寒意。

chill *v.* 使冷却；冷却

例句： Chill the fruit salad until serving time. 上菜前把水果沙拉冰镇一下。

气象点评

在日常工作中，没有气象专业背景的气象节目主持人一直存在这样的疑惑：面对纷繁复杂的天气系统、天气原理、天气现象，应该从何处入手呢？

这两期节目，主持人就从不同尺度的天气系统进行天气实况及预报分析。Sam Champion 通过"天气尺度系统"的冷暖空气来分析未来美国的降水形势，时效性稍长，可以以天为单位。John Morales 则通过"中小尺度系统"的雷达图形来分析佛罗里达州的降水情况及未来的发展趋势，时效性很短，可以以小时为单位。这里的"天气尺度"和"中小尺度"指的就是天气系统的尺度。把握好天气系统的尺度是学习气象、构建气象宏观架构最好的着眼点。

❶ 在日常气象节目制作过程中常见的天气系统

常见的天气系统包括副热带高压、冷气团、暖气团、高压脊、低压槽、东北冷涡、冷锋、暖锋、台风、低涡、中气旋、飑线、雷暴等。这些天气系统并不是孤立存在的，而是有着高低之分、从属之分、等级之分，彼此联系、互相作用。

❷ 天气系统的等级划分

天气系统虽然看上去种类繁多，但其实它就像人类的社会结构一样，有着自己的等级划分和运转规律。为了便于理解，将天气系统简单地划分为三个层面，即三个尺度，分别是行星尺度系统、天气尺度系统、中小尺度系统。

行星尺度系统：副热带高压、热带辐合带等；

天气尺度系统：冷暖气团、高压脊、低压槽、东北冷涡等；

中小尺度系统：台风、低涡、飑线、雷暴等。

它们的关系可以简单概括为：行星尺度系统决定着天气尺度系统能否有所作为，但不会亲自去实施；天气尺度系统会亲自去实施，制造大范围的云雨，同时潜在决定着中小尺度系统发展的大小；中小尺度系统其能力大小决定着天气现象演绎得是否精彩剧烈，是制造狂风暴雨的主力。

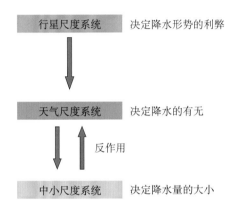

③ 举例：从以上三个层面，来看长江中下游的一轮强降雨

先来看一期常见的天气文稿：

由于近期副热带高压向东退缩，暖湿气流沿其边缘源源不断地向长江中下游输送丰沛的水汽，在南下冷空气的配合下，长江中下游一带将会迎来一轮降雨天气过程。而在冷暖空气交汇的安徽、江苏一带，强对流天气过程非常频繁，不少地方会出现暴雨。尤其是安徽黄山一带，受到地形抬升作用的影响，将会出现大暴雨甚至是特大暴雨。

根据上面这篇天气文稿，我们用天气系统三个层级进行通俗易懂的戏剧化解读。

首先，高层决策层面，行星尺度的副热带高压系统决定东退，给冷暖空气腾出了策划一轮降雨的空间，并示意冷暖空气一定要上演一场漂亮的降雨大戏。

其次，中间执行层面，有了行星尺度系统副热带高压的首肯，作为天气尺度系统的冷暖空气终于按捺不住寂寞，各自带领团队在长江中下游一带集结、谋划，联合成立"大范围雨水表演艺术团"，长江中下游一轮降雨过程势在必行。

最后，中小尺度系统掀起高潮。长江中下游一带的大范围降雨展开，为了掀起此轮降雨表演的高潮，冷暖空气联合派出了一个"撒手锏表演艺术家"——强对流。强对流趁机大出风头，表演了雷暴、瞬时大风等精彩节目。尤其是在安徽的个别地区，短时强降雨登场，使得不少地方24小时的累积雨量达到了暴雨甚至是大暴雨级别。

总结启示

1 优秀气象节目主持人不分专业背景，气象传播是王道

本篇两期节目的主持人专业背景不尽相同，一个主攻气象，一个主攻传播，但是他们都在气象传播领域找到了立足点，将自身的优势发挥得淋漓尽致。

气象专家 John 的天气节目虽然图形相对单一，语言的设计感相对较弱，不过信息传播却清晰明确，逻辑感、权威感十足，具备明显的个人特点，在气象传播领域独领风骚。

气象主持人 Sam 毕业于东肯塔基大学广播电视新闻学专业。虽然没有气象专业背景，但在多年气象传播工作中，总结出了一套传播气象知识的经验。Sam 的节目图形丰富、人图互动密切，主持语言精确干练有节奏，重点突出，主持人状态积极饱满，并富有时尚气息，有很强的带入感，深受观众的喜爱。

通过 John 和 Sam 的精彩呈现，我们不难发现，气象传播领域不分专业背景，"气象传播"才是王道！

2 了解气象，先从"天气系统尺度"入手

学习气象、了解气象已经成为气象节目主持人的当务之急，但对许多不具备气象专业背景的主持人来说，气象原理、气象知识纷繁复杂，让人摸不着头脑，理不清头绪。这主要是由于我们对气象系统这个大家庭没有建立起宏观的概念。了解"天气系统尺度"有助于我们掌握各个天气系统运行的规律，建立起了解气象、学习气象的宏观架构，让我们在主持气象节目过程中更加自信，在节目内容策划环节"有章可循"，对气象语言的把握更加有"度"！

营造不同时段天气节目的差异感

节目概况

　　本篇选取美国CBS洛杉矶分台气象主播杰姬·约翰逊（Jackie Johnson）的早间、晚间各一期节目。早间档节目时长只有短短的13秒，几乎是用一句话概括了当天的天气重点。晚间档节目是直播，时长有3分多钟，内容涉及广泛，从实时天气到预报气温、降雨等，其中对雷达的使用和讲解可圈可点。接下来就不同时段天气节目的内容编排、气象信息、主持状态、节目风格、景别运用等方面进行探讨。

案例解读

1 感受主持风格流畅转换

　　同一位主持人，两档时间不同的节目，主播做到了主持状态因节目而异。早间节目重点突出，语句精炼，节奏明快，唤醒感强，能够让受众快速抓住天气要点；晚间直播节目的多人互动非常精妙，讲解天气也多用口语化、生活化的语言，看似自然，但却是经过精心设计的。例如晚间节目中，通过互动聊天说到最近天气"省钱省时间，不用买保湿霜"，引出近期湿度偏高的天气重点，非常接近大家日常生活中聊天的状态，能够让观众有更强的参与感。

2 景别设计显巧思

在景别取舍上，杰姬的节目也给我们带来了不同的思维。我们的节目中基本上只有中景和全景这两种景别的呈现，但在杰姬的节目中，我们看到的是介于全景和中景之间的一种景别。放眼国际上的气象节目，景别的设计更是多种多样。在不同的节目中，景别设置、机位数量、镜头运动都可以有更为灵活的设计，以便突出节目播出时段、内容特点、主持人优势，这些电视语言应用能力的不同，使得节目质量有了差距。

3 应用雷达回波图的启示

20 世纪末 21 世纪初，欧美国家的气象节目开始使用雷达图形，如今，雷达回波图基本是逐分钟级别。因为实时性极强，能更好地体现节目的直播属性，美国的气象节目一直乐于使用雷达回波图，尤其在龙卷走廊的落基山脉东侧以及东部、南部沿海等地（因为时常出现小尺度、短时临近、让人猝不及防的复杂天气）。

雷达回波能展示特定天气系统样态，这是其他监测方式难以做到的。雷达回波图可以非常形象、直观地告诉观众，天气系统是多么狡猾，晴雨变化是多么随机，预报的不确定性是客观存在的！这样可以不断调整观众对于天气预报准确性的预期值，使观众更客观、更理性、更科学地看待天气预报。

4 与图形越来越亲密的主播

随着技术手段与预测能力的不断提升，用于气象节目的图形种类日益增多，尤其是观众不熟悉的天气图形不断被运用，节目中的图形呈现出日渐丰富的态势，这就要求天气主播与图形之间形成更为紧密的互动，要沉浸在图形中，为观众进行更专注、更细腻的讲解。如果主持人缺乏与图形的互动，那么就无从体现这一职业的专业性和价值，公众对这个职业也将缺乏敬意。在这档晚间直播节目中，我们能看到杰姬与图形有非常自然且专业的互动，虽然是抠像节目，但主持人在指图时的眼神交流与抠像背景毫无违和感，完全不会让观众感觉到，她是在通过侧面的显示器进行提示。

5 多角度解读增加主持人的"专家范儿"

杰姬在晚间节目中，气象解读比较深入，对同一天气系统有不同角度的分析，看似重复，却增强了主持人的"专家范儿"。

例如节目中关于近期天气的解读："……所以今天没有那么多的对流活动，主要是因为云层比较厚，云层的作用就是让大气更加稳定。所以说，如果是阳光当道的晴热天气，那正是最有可能遭遇突发分散性雷雨的时候。而今天，云层让大气稍微稳定了一点儿，不过同时还有充足的季风水汽输送，都是受到高压脊的牵引。这个高压脊正盘踞在四角地，带着季风水汽，让我们这里持续闷热。今天这一带的云真是比较厚。还有海水层，沿海一带雾气较重，明天天气也不会有明显变化，和今天一样，还是闷热。"

这段话反复强调了云层厚带来的影响，让观众印象深刻，也传播了一些基本的气象知识，即"晴热天容易有雷雨"，随后又从高度（气压）场的角度分析了水汽运动，进一步解释了闷热的原因。可以看出，气象主播在讲解图形、解读天气时，是非常自如地在调用自己的气象知识储备。

6 润物细无声的气候科普

晚间档节目中的七天预报展望使用的副标题是"小气候（micro-climates）"，这是融入了时间尺度的气候概念。这个标题潜移默化地提醒观众，这已不是简单的明天、后天或者七天的天气，从时间尺度上看，我们已经进入了气候领域。做气候科普时，完全可以通过一个词、一个标题来给公众以耳濡目染的影响。

1 早间节目

Good Wednesday morning, I'm Jackie Johnson, and here is your wake-up weather. We do have some fog out there this morning and some clouds. Get ready for another warm, humid day here in the south and could even see a few thunderstorms in the mountains. Have a great day.

星期三的早晨，杰姬·约翰逊在这里向大家问好，为您带来早间天气。今早多云、有雾，南部依然是又暖又湿的天气，山区一带可能还会有雷雨。祝大家愉快！

2 晚间节目

Female anchor: It's humid and sticky.

Jackie: It sure is. It does not feel like southern California.

Female anchor: No, it doesn't.

Male anchor: No. The good part of that is I haven't had to moisturize.

Jackie: That's true. You are saving money.

Male anchor: Saving time and money.

Female anchor: … and lotion.

Jackie: Dime-size only. Alright, but you, alright, you guys, uh…It's hot. It's humid. I just checked the humidity even downtown LA is at 60%. Yeah, it's very high for us. Then we've got the hot temperatures, making it feel even worse. So, yay.

Male anchor: Thanks, good night, Jackie.

Jackie: All right, see you guys later. Oh no, I'll be here all week.

Ok, so we are taking a live look outside right now. Our Hollywood camera shooting over the basin and you can see we've got some clouds over there. And what the clouds actually did today was keep our temperatures a few degrees cooler than we were the last a few days. However, I'm sure you didn't really notice, because it's even more humid today, therefore it feels warmer than it is. So, let's talk about our temperatures.

…

So, we've got one more day with heat advisory, and again this just includes San Bernardino and Riverside Counties. Temperatures tomorrow will be between about 98 to up to 110 degrees. But again, you add in the humidity and it feels much warmer than it is. But I do have great news in the extended forecast. I think you are going to be very happy about. Let's take a look at the radar. It was pretty active yesterday, especially in the Antelope valley. But right now, we're just seeing, we had some light showers mainly through the mountains of LA County. And now we saw a thunderstorm cell pop up right around big bear, about ten minutes ago I saw a lightning strike, but this is a fairly light one. So, we're not seeing as much activity today, because we actually had more cloud cover, and what the cloud cover did is kept the atmosphere a little more stable. So, whenever you got the sunshine and the heat, that's when we tend to see those pop-up thunderstorms very quickly. But because of the clouds today, it kept the atmosphere a little more on the stable side, but we are still tapping into this monsoonal moisture and this is all coming from a ridge of high pressure. And that ridge of high pressure has just been centered over the four corners region. It's pulling in the monsoonal moisture and keeping us on the hot side. We also had way more cloud cover out there today. And in fact, we also had the marine layer, the coast with some dense fog, and really little change for tomorrow. So, tomorrow's weather, a lot like today, it's gonna be pretty sticky out there and the high pressure will eventually start to shift off to the east a little bit. A trough of low pressure will start to dig in, just in time for the end of the week and your holiday weekend into the 4th of July. It'll be much more comfortable out there. But by next workweek, after the holiday, we do expect a high pressure to build back in. So, looks like summer's here in full force.

女主持：真是潮湿闷热啊。

杰姬：是啊，感觉一点都不像南加利福尼亚州。

女主持：确实不像。

男主持：好处是，我都不用做保湿了。

杰姬：的确是。这回你可省钱了。

男主持：省钱省时间。

女主持：还省润肤露。

杰姬：省了一点点而已。好吧，你们，那……现在很热，很闷。我刚查了洛杉矶市区的湿度，60%。对我们来说很高啦。气温也很高，这样只会感觉更糟。主持人，就是这样。

男主持：谢谢！晚安，杰姬。

杰姬：好的，一会儿见。哦，不对，这周我都会在呢。

现在来看一下外景实时画面。我们好莱坞镜头拍摄的盆地实况，可以看到有一些云层。这些云层使今天的温度相比前几天要低几华氏度。但是，你们肯定感受不到，因为今天更加潮湿，所以实际体感更热。一起来关注气温……

今天继续发布了高温预警，包括圣贝纳迪诺和河滨郡在内。明天气温会在 98 ～ 110 ℉（36.7 ～ 43.3 ℃），但同样考虑湿度的情况下，实际体感温度要高很多。不过，长期预报来看倒是有好消息哦，你们肯定会很开心的。来看雷达图。昨天下午对流比较活跃，特别是在羚羊谷。但是现在我们看到，只有洛杉矶的山区一带有小阵雨。还有一个雷暴云泡在大熊湖附近闪现。大约十分钟前，这里发生了雷电，但还是一个相对较弱的对流。所以今天没有那么多的对流活动，主要是因为云层比较厚，云层的作用就是让大气更加稳定。所以说，如果是阳光当道的晴热天气，那正是最有可能遭遇突发分散性雷雨的时候。而今天，云层让大气稍微稳定了一点儿，不过同时还有充足的季风水汽输送，都是受到高压脊的牵引。这个高压脊正盘踞在四角地，带着季风水汽，让我们这里持续闷热。今天这一带的云真是比较厚。还有海水层，沿海一带雾气较重，明天天气也不会有明显变化，和今天一样，还是闷热。高压系统终于开始东移，低压槽开始移入，恰好是在本周后期到独立日的这段时间，会感觉舒服很多。不过下个工作周，也就是假期后，高压系统还将重新控制这一带。看来夏天已经是火力全开了。

 经典提炼

get/be ready for… 为……做准备

例句：Get ready for bed? 准备上床睡觉？

Be ready for another round of downpours in southern China. 中国南部将迎来强降雨，注意防范。

sticky *adj.* 黏的；湿热的；棘手的

例句：If the dough is sticky, add more flour. 如果面团很黏，就再加些面粉。

I hate the desperately hot, sticky days in the middle of August. 我讨厌 8 月中旬极其湿热的日子。

does not feel like... 感觉不像……

例句：It does not feel like a step in the right direction. 感觉这一步并不是向着正确方向前进的。

check *v.* 检查；核对

例句：I think there is an age limit, but I'd have to check. 我觉得是有年龄限制的，但我需要核实一下。

humidity *n.* 潮湿；湿度

例句：relative humidity 相对湿度

The heat and humidity were insufferable. 炎热与潮湿令人难以忍受。

downtown *adj.* 市中心的；在市中心

例句：an office in downtown Chicago 芝加哥市中心的一间办公室

By day he worked downtown for American Standard. 白天，他在市中心美国标准公司工作。

extend *v.* 延伸，扩大；持续；伸出，凸出；包含

例句：The caves extend for some 12 miles. 这些洞穴延伸约 12 英里。

The normal cyclone season extends from December to April. 正常的飓风季节从 12 月持续到 4 月。

They have extended the deadline by twenty-four hours. 他们已经将最后期限延长了 24 小时。

The man extended his hand: "I'm Chuck." 这位男士伸出了他的手："我是查克。"

The service also extends to wrapping and delivering gifts. 这项服务还包括包装及递送礼物。

extended *adj.* 延伸的；扩大的；长期的

例句：Any child who receives dedicated teaching over an extended period is likely to improve. 孩子被长期用心地教育都会有进步的。

active *adj.* 积极的；活跃的；主动的；有效的

例句：an active volcano 一座活火山

We should play an active role in politics, both at the national and local level. 我们应该在国家和地方层面的政治生活中扮演积极主动的角色。

What is the active ingredient in aspirin? 阿司匹林中的有效成分是什么？

tend *v.* 趋向，倾向，往往会

例句：A problem for manufacturers is that lighter cars tend to be noisy. 制造商遇到的问题是重量较轻的汽车往往噪音大。

His views tend towards the extreme. 他的观点趋于偏激。

tap into 挖掘，接近；利用，开发

例句：Tap into the market 开发市场

To learning English well, we need to tap into the American and European culture. 要想学好英语，大家需要进一步了解欧美文化。

four corners region 四角地（犹他州、亚利桑那州、新墨西哥州及科罗拉多州交界处）

随着互联网的普及，雷达回波图可以实时展现在大众面前，那么如何"读"雷达回波图呢？

1 "读"雷达图的色彩缤纷

本篇选取的晚间节目重点关注了夏季的对流性天气，其实，对于这种"有组织无纪律"的对流性天气的预报，是让所有预报员都头疼的事。针对夏季对流性天气，最直接有效的方法就是雷达跟踪，通过雷达观测对流性系统的动向、强弱变化，从而做出预报。其实，这种基于视觉通过主观评估做出的预报，其预报水平与主持人观看雷达后做出的判断并没有太大的区别，只要简单知道一些方法就可以做到。针对如何识别雷达回波图，气象专家戴云伟编撰了一句顺口溜："蓝云、绿雨、黄对流、红到发紫强对流"。蓝色回波代表"云"的回波；绿色回波代表"雨"的回波；黄色回波代表"雷暴、对流性天气"的回波；红色回波及以上，一直到紫色谱系代表"强对流天气"的回波。

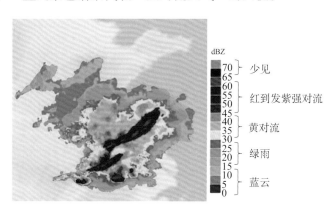

② "读"雷达图判断系统动向

确定对流系统位置。按照彩色的雷达回波很容易识别对流系统的当前位置，除了热带系统外，影响我国的天气系统一般自西往东运动。这里所说的系统在雷达图上表现为很多对流泡的聚集区（团状、带状、线状、螺旋状），如下图黑色实线框出的区域。它就是可以带来对流性天气的幕后"组织"，局地性的对流性天气就是在其"操纵"下发生的。

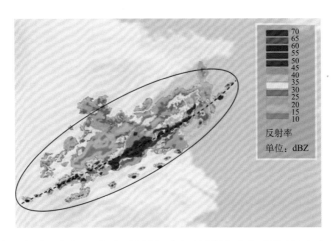

判断系统动向。根据雷达回波动画播放可清晰判断对流系统的运动方向，该运动方向前方即对流系统即将影响的地区，基于此，可给出即将发生对流天气的预报预警。

③ "读"雷达图甄别系统强弱

雷暴一般有三种聚集方式：聚集成团状、排列成线状（飑线）、盘旋成螺旋状（如台风）。在一定的聚集方式控制下，雷暴单体会不断消亡或生成（寿命仅为十几分钟）。据此，根据动态图中回波颜色的变化，可以大致判断其在即将影响地区的强弱变化，从而做出对流强度的预报。

对流在雷达图上颜色对应的强弱程度变化，与我国灾害预警的颜色是一致的。根据气象灾害可能造成的危害和紧急程度，每类气象灾害预警最多设 4 个级别，分别以蓝、黄、橙、红四种颜色对应四级到一级预警，一级为最高级别。

对流增强

对流衰弱

④ 总结

对流性天气系统是目前天气预报中最难把握的内容，但是我们可以根据雷达回波图判断对流天气可能发生的区域。所以我们在预报中经常说，"局部地区有雷雨"，而不可能精确地说出对流性天气发生的具体地点、时间。

总结启示

气象主播应具备根据节目定位（播出时间、播出平台、受众定位等）调整主持状态的能力，更好地契合节目风格，赋予节目独特生命力，满足受众需求，更好地实现气象信息传播。同时，气象主播还应有较高的气象知识素养，具备一定的图形解读能力，与图形更为亲密，能多角度分析天气，为受众提供基本的气象科普知识和实用的日常气象服务。

如何发现气象节目收视群体的真实需求

　　天气和我们的生活息息相关，四季风景不同，风云多变，有时候是和风细雨的锋面降雨，有时候是雷厉风行的热对流天气。这些天气现象，大部分人可能并不是很了解。作为气象节目主持人，我们要感知气象传播中观众真实需要的内容。本篇选取美国天气频道制作的一期虚拟现实的雷暴云形成的节目。

案例解读 ║║║

1 科普源于事件

　　这期科普关注的是达拉斯大范围的强雷暴灾害事件，这样的内容才会被观众真正需要和选择。

2 虚拟场景只是辅助

　　节目利用虚拟场景，分三部分为大家分析雷电的成因及其影响：首先是空气上升，水汽遇冷凝结，形成雷雨云；其次是打破绝缘形成电流，形成我们经常看到的闪电雷暴；最后分析雷电对生活的利弊影响。不过虚拟场景只是辅助性内容，节目内容的核心仍然是突发天气事件本身。

 话题选取有一定随机性，气象节目即刻编串能力大幅度提升节目可看性

美国气象节目有大量随机性内容出现，气象主播可以即时编串，并给予专家角度的解读，足以让观众接受。即刻编串能力让气象节目的可看性大幅度提升。

中英文释义

Now we are talking about the anatomy of lightning strike. What goes into something that somewhere on the earth every second is striking. We know this morning in Dallas is a great example of what's going on.

Well, it starts with rising air motion, and water vapor, and water vapor condenses, it cools, you form the clouds. But you also get water in the form of rain in there, and hail, ice crystals and graupels and things like that. And with those type of things, you are now beginning to build up charge in the cloud itself. Negatively charged particles at the base of the cloud, positively charged particles are way up in the anvil. A lot of lightning, guys. 75%–80% of it actually happens up in the cloud. But there is also positively charged particles on the ground. So how do you break that insulator between the cloud base and the ground and are actually get a lightning strike. Well, Let's talk about this.

We think it starts with the precipitation as it starts to come out of the cloud, but it's also meeting positively charged particles coming up. So, the stepped leader comes down, the upward streamer comes up. You break the insulator and you connect the circuit, and wala, you got yourself a powerful lightning strike, something that has the temperature five times the surface of the sun. It happens about a billion to a billion and a half times here on the surface of the earth, and it is an awesome, awesome thing as you could see. You just don't want to be on the other end of that circuit. That is the anatomy of a lightning strike.

我们深入剖析雷电产生的原因，在地球上每秒钟都有雷电发生。今天早上达拉斯发生的天气现象就是一个很好的例子。

因为空气的上升运动，水蒸气随后遇冷凝结，然后形成云层。但是我们也会通过雨水，或者冰雹、冰晶其他类似颗粒获得降水。在这些相态中，云层内部会形成一个电场。电子聚集在云层的底端，正电荷上升到顶部。75% ～ 80% 的闪电在云层内部发生，但是在地面也有很多正电荷。如何打破这种绝缘体系，让云层和地面之间发生闪电，下面我们来讨论。

首先还是因为云层的沉淀物，而且遇到了上升的正电荷，所以，一方面电荷下沉，另一方面还有上升的正电荷流动，打破了绝缘体形成电流，导致闪电。它释放的能量达到的温度相当于太阳表面温度的五倍，地球表面雷电发生频率是太阳表面的 10 亿～ 15 亿倍，这是多么恐怖的事情！听了这个，你一定不希望站在电流的另一端。这就是我们对于雷电的深度剖析。

经典提炼

vapor *n.* [科技] 水蒸气

例句：Water vapor condenses to form clouds. 水蒸气凝结形成云。

condense *vt.* 使浓缩；使压缩

例句：When you summarize, you condense an extended idea or argument into a sentence or more in your own words. 总结的时候，用自己的话把拓展了的观念或论据简缩成一句或几句话。

anatomy *n.* 解剖；解剖学；剖析；骨骼

例句：The ball hit him in the most sensitive part of his anatomy. 这个球打中了他身体的最敏感部位。

negatively *adv.* 消极地；否定地

例句：This will negatively affect the result over the first half of the year. 这将会给前半年的结果带来负面影响。

insulator *n.* 绝缘体

例句：If the material is an insulator, the electrostatic charge will in a few hours, a few weeks or even months gradually left out. 如果材料是绝缘体，则静电荷会在几个小时、几周甚至几个月以后逐渐漏掉。

lightning *n.* 闪电 *adj.* 闪电的，快速的

例句：Another flash of lightning lit up the cave. 又一道闪电照亮了那个洞穴。

strike *n.* 打击，罢工 *vt.* 打击，罢工，敲击，穿透

例句：Staff at the hospital went on strike in protest at the incidents. 医院的员工举行罢工，抗议这些事件。

气象点评

① 垂直运动的分类

第一类：锋面降水。单一的锋面产生的垂直运动十分缓慢，上升气流的速度为 5 千米 / 时左右，所以带来的天气现象较为和缓，可以说是和风细雨。

第二类：对流降水。热对流产生的垂直运动速度十分快，一般可以达到 36～200 千米 / 时，有时甚至超过 200 千米 / 时，天气现象剧烈，往往会出现雷雨大风、冰雹等强对流天气，甚至可能出现飑线，对人们的生产生活造成巨大的影响。由于对流系统中的不确定性因素很大，所以其预报难度大。目前，我们只能对对流影响的区域做出潜势预报，但不能预报出具体的时间和地点。

② 将内容信息结合审美

提升气象主播审美能力，在云、风、雷暴等天气现象的科普解读中插入审美因素。例如，播报积雨云现象时，可以和古诗"黑云压城城欲摧，甲光向日金鳞开"结合，提升整个播报内容的美感。

③ 云的辨别

淡积云，是地表气泡受热上升达到凝结高度后形成的积云，呈孤立分散的小云块，底部较平，顶部呈圆弧形凸起，像小土包，云体的垂直厚度小于水平宽度。淡积云多在天空晴朗时出现，标志着云团之上气层稳定，表明至少在未来几个小时内天气都不错。

浓积云也是由比较弱的对流形成的，但比淡积云要稍微强一点。云块底部平坦而灰暗，顶部呈重叠的圆弧形凸起，很像花椰菜。其垂直发展旺盛时，个体臃肿、高耸，在阳

光下边缘白而明亮，有时可产生阵性降水，但十分微弱。

积雨云，云浓而厚，由积云发展而来，云体庞大如高耸的山岳，顶部开始冻结，轮廓模糊，有纤维状结构，底部十分阴暗。积雨云是较为激烈的对流，这个级别的对流往往会产生局地破坏性的天气，如雷电、阵性降水、阵性大风及冰雹等，有时也伴有龙卷，在特殊地区，甚至会产生强烈的外旋气流——下击暴流，这是一种足以使飞机坠毁的气流。

总结启示

天气信息的科普不是为了科普而科普，要和天气事件、热点事件、即时事件进行深度结合。事件是核心，观众的需求是核心，虚拟场景、科普动画、主播的风趣解读等都需要配合事件，这才是在传递观众真实需求的信息。

天气主播需要有"专"和"广"两个方向的知识积累。"专"是指在气象知识储备、临时反应能力、节目即时编串能力上的体现，主播要能随时根据事件等核心要素的改变而改变，"因地制宜"制作节目，大幅度增加节目可看性。"广"则是指气象主播在审美、健康、饮食等"天气＋"角度上知识的积累，这能增加气象节目"附加卖点"，提升节目和气象主播的魅力。

气象节目回归"户外"

节目概况 ▌▌▌

天气现象发生在户外，如果通过户外真实的场景进行天气的解读，能让预报户外信息的天气节目回归本源，将观众直接送达"天气现场"，使其最直观地感受到天气变化，这是户外天气节目优势所在。本篇选取的是一段典型的户外直播报道，来自 BBC（英国广播公司）的《BBC 早餐》节目。视频中，天气节目主持人卡罗尔·柯克伍德（Carol Kirkwood）身处温布尔登网球锦标赛现场，与演播室主持人进行直播连线，介绍比赛现场的天气状况。接下来以本期户外天气报道为例，结合其他国家调研结果，梳理国外户外天气节目的特点。

案例解读 ▌▌▌

1 国外户外天气节目现状及特点

户外天气节目是天气信息传播形式的重要组成部分。不过，总体来看，国外户外天气节目在天气节目类型中占比很低。根据各国在"气候变化与天气传播国际论坛"上提交的节目统计来看，1996 年、1998 年、2000 年、2013—2016 年和 2019 年等 8 年共计 400 余档节目中，户外天气节目在所有节目中占比普遍不足 10%，其中，2014 年和 2019 年占比只有 1%。由此可见，目前户外天气节目仍属相对"小众"的天气节目类型。

"气候变化与天气传播国际论坛" 1996—2019 年部分年份户外天气节目占比统计

根据调研，户外天气节目"屈指可数"有其背后原因。首先，制作成本昂贵。相较于室内的常规天气节目，户外天气节目在制作过程中需要投入更多人力、物力和财力，如价格高昂的摄像机器、通信传输设备、人员差旅支出以及户外拍摄等其他增项费用。其次，具有不可控性。户外天气节目将摄影场景移到户外，但身处户外具有很多不确定因素，存在诸多安全隐患，对人员、设备、环境要求较高，如若发生突发状况，应对不当，容易出现事故。

❷ 户外天气科普节目类型

虽然国外户外天气节目占比低，制作过程难度较大，但仍有很多国家，如日本、俄罗斯、瑞士、以色列、美国、英国等，一直在坚持户外天气节目制作和创新。从现有的国外户外天气节目来看，主要节目类型分为以下几种。

常规户外天气节目：针对常见规律性的天气现象（预报）播出的日常户外节目。此类节目播出时段较为固定，主要采用主持人在户外出镜播报的形式。如日本，在早间和午间时段都有固定的户外天气节目，由形象俏丽的女主持人在户外借助有趣的道具，生动活泼地播报天气。此类节目在日本收视率极高，深受观众喜爱。

户外灾害天气报道：针对灾害天气或热点天气事件进行的户外天气报道。此类节目具有突发性强、播出频率不稳定等特点。如美国天气频道，在遇到灾害天气时，便会启动非常规户外节目和直播报道。节目主持人身处灾害天气现场进行播报，目前该类节目已成为美国受众遇到灾害天气时寻求安全感的重要途径。

娱乐或科普性质户外节目：将天气科普知识或天气预报信息，结合所在户外场景来呈现。此类节目综合了"趣味性"与"互动性"，起到了"寓教于乐"的良好效果。如本期来自英国 BBC 电视台的天气节目，主持人在英国难得的阳光和煦的天气下，身处温布尔登网球锦标赛比赛现场，为受众介绍当地天气情况，在轻松愉悦的氛围中，使受众直观地了解比赛现场的天气状况。

"假"户外天气节目：通过演播室内的玻璃幕墙或大屏幕，呈现户外摄像探头或摄影机所拍摄的户外实时实景画面，以营造出"户外"场景。此类节目实操性强、制作成本低，同时可满足受众对大自然的好奇和向往，在美、韩、法、英等国家应用广泛，是近年来国际上颇为流行的"户外"天气节目类型。

 中英文释义

Morning. Oh, it's sunny. Good morning all, this morning. It is beautiful. The sun is beating down. I'm next to the pond, its got fish in it, beautiful flowers, petunias, up above me here. Of course, Wimbledon, famous for its hanging baskets as well, and I'm gonna be talking to the head gardener Martin Faulkner later on this morning about how he manages to keep his plants alive.

早！今天阳光灿烂，大家早上好。这个清晨太美了。阳光直射下来，我旁边的池塘里有鱼在游动，美丽的牵牛花就在我头顶，当然温布尔顿也以挂篮闻名。稍后我会和园艺主管马丁·福尔克纳聊聊他是如何把花草打理得生机勃勃的。

Louise: Gorgeously day, sunny there this morning. Morning.

Carol Kirkwood: Good morning. Yes, it is Louise. Blinding actually, which is a nice complaint to have for once. I'm joined though by Martin Faulkner, who is the head gardener here in Wimbledon. Good morning, Martin.

Martin: Morning.

Carol Kirkwood：Now you have a huge task, and I know personally speaking, my petunias have drowned and died, whereas my hydrangeas have absolutely flourished, and those are two of the plants you've got here. Why?

Martin: Yeah…

Carol Kirkwood：Thank you for that for now. OK on with the weather for now. Wimbledon today although we have got beautiful blue skies, we are looking at increasing amounts of cloud through the course of the day. Now we will be very unlucky if we do catch a shower. And with light breezes, it is going to feel quite humid. In fact, if we hang on to the cloud, the maximum temperature here at Wimbledon will be around 19. But if we do see some sunny breaks in that cloud, we are more likely to see about 22. So, bring your sunscreen and your hat and your specs and all the usual things if you are coming down today. Now for all of us we're looking at some sunny skies, cloud building though through the course of the day and we've got some rain. So, if we start the forecast in the southeastern quadrant of the UK from the Isle of Wight to Kent, heading up towards the midlands and East Anglia, it's a dry start. The patchy mist and fog we have now will lift quite readily with some sunshine around. As we're moving into northern England, although in northern England, there's a wee bit more cloud. For Scotland, variable amounts of cloud, some sunny skies, some showers. In the northwest will be on and off as we go through the day, but we've already gotten the rain across Northern Ireland and that will be with you now for much of the day. For north Wales, while again some brighter skies. South Wales, particularly close to the coast and in the west Wales as well, and southwest England, there's more low cloud and some murky drizzly conditions. And just ahead of that, you can see how the cloud builds through Gloucestershire into Dorset. Now that cloud will continue to build through the morning, that's what going to come our way here at Wimbledon. The rain will also push into northern England, north and west Wales, southern and central Scotland. And in northern Scotland we hang on to the sunshine and showers. Through this evening into overnight, well once again we are going to have that rain across northern England, central and southern Scotland. It will have cleared Northern Ireland, and for the rest of UK fairly cloudy with also some light drizzle here and there. Humid in the south, not as humid in the north. So tomorrow that cloud, first thing, will produce some drizzle, so it's going to be a damp start here at Wimbledon. But it will clear and it will brighten up. For many of us it is an improving picture through the course of the day, but there will be showers, especially across northern Scotland and also northeast England and some of those will be heavy and thundery. Feeling fresher tomorrow though with highs round about 22 at best. Pollen levels today, pollen, this might be interesting to you, Martin. Pollen across much of England's and Wales, high or very high. For the rest of us they're low or indeed they are moderate. Well, I think it's time we ride a spin in this little buggy. All I'm saying is Louise, whoo, let's go, crews, stand back! See you later!

Louise: Oh, brilliant.

路易丝：今天早上真是阳光灿烂，早上好！

卡罗尔·柯克伍德：早上好，路易丝！你说得没错，现在阳光都有些刺眼了，能有机会抱怨一次阳光真是不错。在我身边的是马丁，温布尔登的园艺主管，早上好，马丁！

马丁：早上好！

卡罗尔·柯克伍德：我们知道现在你的工作任务非常繁重，但我有一个私人问题想请教你：最近频繁下雨，我的矮牵牛花已经快淹死了，但是绣球花开得却非常好。我看到你这里两种花都有，而且长得都不错，你是怎么做到的？

马丁：是的……（省略介绍植物种植内容）

卡罗尔·柯克伍德：非常感谢您。现在我们来关注天气。尽管现在温布尔登天空蔚蓝，但云量在不断增加，运气不好的话我们今天可能会遭遇降雨伴随微风。事实上，如果云持续累积，人体会感觉非常潮湿，温布尔登最高温度19℃，但是如果能见到太阳，最高温度有可能达到22℃。所以如果您今天要来这里，记得带上防晒霜和墨镜。现在来看全国天气，首先来关注目前晴朗的地区，云量正在逐步增加，有些地方还出现了降雨。英国东南部地区，从怀特岛到肯特，一直延伸到中部地区和东英吉利都是晴朗天气，个别有雾的地方雾气将很快消散，并迎来阳光，因为它移动到了英格兰北部，尽管这里的云量不少。而苏格兰云量有多有少，有些地区晴，有些地区有阵雨。西北部地区今天则是时晴时雨，北爱尔兰已经迎来降雨，从现在开始今天大部分时间当地都将是降雨天气。威尔士北部局部地区再次迎来晴天。南威尔士尤其是沿海附近，以及西威尔士和西南英格兰低空云层增多，并伴有蒙蒙细雨，而在那之前你可以看到云量如何从格洛斯特郡延伸到多塞特郡。而从现在开始的整个早上，云将持续累积，并向温布尔登移动，而降雨也会影响英格兰北部、威尔士北部和西部，以及苏格兰南部和中部。苏格兰北部则持续晴朗或阵雨天气。今晚和夜间，再次迎来降雨的地方包括英格兰北部、苏格兰中部和南部。北爱尔兰晴。英国其他地区以多云天气为主，局部地区有小雨，南部潮湿，北部稍好。明天将首先有小雨，因此温布尔登一早天气潮湿，但之后将放晴。全国明天天气将有所好转，但在个别地区会有阵雨，尤其是苏格兰北部及英格兰东北部，局部还将有雷电和暴雨。尽管明天最高温度有22℃，但是空气会清新很多。来看今天的花粉浓度，马丁可能会对此感兴趣，英格兰和威尔士大部地区的花粉浓度高或非常高。英国其他地区则是低或适中。好了，开车兜风的时间到了，我现在只想说路易丝，走啦！伙计们稍后再见！

经典提炼

beat down 强烈地照射下来或者大雨倾盆而下

例句：The sun beats down on him. 太阳照在他头顶上。

Storms of life beat down heavily upon us. 人生的暴风雨狠狠地击打着我们。

All our efforts cannot beat down a God's joke. 我们所有的努力都敌不过命运开的一个玩笑。

catch *vt.* 赶上；抓住；感染；了解 *vi.* 赶上；抓住 *n.* 捕捉；捕获物；窗钩

例句： We will catch a shower. 我们会赶上一场阵雨。

You may catch a cold if you sit in a draught. 你如果坐在风口，可能会感冒。

low cloud 低云

例句： Fog and low cloud cover are expected this afternoon. 预计今天下午有雾和低云。

He navigated the plane through the low cloud. 他驾驶飞机穿过低低的云层。

high cloud 高云　　**medium cloud** 中云

murky *adj.* 黑暗的；朦胧的；阴郁的

例句： Hell is filled with murky flame. 地狱里充满了黑暗的火焰。

Bus was stopped by murky fog. 公交车碰到浓雾被迫停车。

The law here is a little bit murky. 该法律此处有点含糊不清。

drizzly *adj.* 下毛毛雨的，毛毛雨似的

例句： It was drizzly as we left. 我们离开时天空中飘着小雨。

drizzle *v.* 下毛毛雨 *n.* 毛毛雨

例句： Drizzle stole over that small village. 蒙蒙细雨悄悄笼罩了那座小村庄。

It suddenly began to drizzle. 天突然下起了小雨。

damp *adj.* 潮湿的 *n.* 潮湿；挫败；沼气 *v.*(=dampen) 弄湿；抑制

例句： Her hair was still damp. 她的头发还有点湿。

There was damp everywhere and the entire building was in need of rewiring. 到处是潮气，整座建筑需要安装新电线。

Nothing could damp her spirits. 什么也不能使她气馁。

brighten up 使更加明亮；更加明亮起来

例句： Brighten up your skin 提亮肤色、抗氧化

The new wallpaper will brighten up the room. 新墙纸将使房间显得更加明亮。

They brightened the dancing party up with some songs. 他们增添一些歌曲使舞会更加活跃。

high *adj.* 高的；高级的；崇高的；高音调的 *n.* 高水平；天空；由麻醉品引起的快感；高压地带 *adv.* 高；奢侈地

例句： Her spirits were high with the hope of seeing Nick in minutes. 她很兴奋，因为几分钟之后有希望见到尼克了。

"I'm still on a high," she said after the show. "我还兴奋着呢，"她在演出结束后说。

Orders had come from on high that extra care was to be taken during flood season.

上头传来话说汛期要格外小心。

pollen *n.* 花粉 *vt.* 传授花粉给……

例句：Ben is allergic to pollen. 本对花粉过敏。

Seeds and pollen are spread by the wind. 种子和花粉是随风传播的。

hay fever 花粉症

例句：The hay fever season normally begins in March or April when trees release the first pollen of the year. 花粉症一般从每年三四月开始，这个时候树木释放第一批花粉。

气象专家戴云伟曾对主持人在进行户外气象报道时如何观察天气情况给出了意见和建议。他提出，针对一个天气现象在进行天气预测时，比如云，除了可以使用现代化的气象雷达和气象卫星观云外，还可以通过肉眼观测云的形状以及动态演变来进行未来天气预测。观云识天是古代最有效的预报天气变化的手段，在实际应用中，应该学会将三者有机融合，提高对天气形势的判断能力。云是天气系统的"外衣"，户外报道时，云的信息最直观。

再比如，由于对流性天气具有"有组织无纪律"的特点，在预报时，需要找到对流性天气的"幕后组织"——天气尺度的天气系统。通过雷达回波图，可以判定天气系统的位置动向和移动速度，再结合户外人体感受，主持人就基本可以在户外天气报道中对天气进行预测了。

① 户外天气节目是应对天气变化的重要传播手段

天气本身源于户外，天气节目回归户外可以带来不可替代的画面真实感，与自然实景相结合，实现了节目类型的多样化呈现。尤其当灾害性天气发生时，主持人身处户外，展现天气"第一现场"，所见即所感，画面极具冲击力，让受众身临其境般感受到最真实的天气状况。所以，户外天气节目是受众提高安全感和获取防灾减灾知识的重要传播手段。

❷ 户外天气节目是对主持人综合素质的考验

天气瞬息万变，户外场景存在很多不确定性，这对天气节目主持人的综合素质提出了更高要求。首先，主持人需要有丰富的知识积累，能利用有限的条件和设备进行天气预测，即能根据现场实际天气情况作出判断。比如直播台风时，主持人需要对未来台风路径有一定预判，有一定的雷达观测知识储备，对风雨影响有预测能力，以随时补充节目内容。其次，主持人应具有良好的临场应变能力。在进行户外直播报道时，会出现不可预知的突发状况，主持人需要随机应变化解问题，将"事故"变"故事"。

❸ 技术革新推动户外节目发展

一直以来，户外拍摄设备昂贵、制作成本高、操作难度大等因素制约着户外天气节目的发展。近几年，无人航拍器、水下潜水摄影机、可穿戴智能拍摄器等一大批新设备和技术的出现，使户外天气节目操作更简单方便、制作成本更低，让户外场景更加多元。例如，轻巧灵活的航拍无人机可实现在户外全方位高空拍摄户外场景；Gopro 运动摄像机，不仅体积小巧便于携带，而且几乎可以适应任何自然环境，使镜头记录大自然的边界不断延伸。另外，5G 网络和 4K 高清技术的发展，让户外直播延时更短，拍摄画质更加清晰。同时，虚拟增强现实技术在天气节目中的有效应用，可使真实的户外场景与丰富多变的虚拟画面相融合，"虚拟"走进"现实"，必将带给受众全新的视觉体验。

高关注度事件下气象节目的精细化服务

节目概况

　　本篇调研的两期节目分别是美国 AccuWeather.com 和 CBS This Morning 的节目，重点关注日全食天气展望当中的精细化气象服务。其中 AccuWeather 的节目作为气象网站的衍生视频节目，采用了两名气象主持人互动聊天的形式，与观众分享日食景观分布的具体情况、全国天气展望、一些重点城市的精确观赏时段，以及不同类型天气可能对观赏产生的具体影响，精细化服务是其主要亮点。CBS 的早间节目形式相对比较常规，即新闻主播把时间交给气象主播的呈现模式，演播室结合虚拟 3D 天文动态示意和卫星云图效果为节目增色不少，使天文、气象概念变得生动易懂，在气象服务上则主要介绍总体趋势。

案例解读

　　1 不同传播平台对气象内容的选取

　　美国具有九种不同的气候类型，是世界上气候类型较多的国家。一些极端天气，如高温山火、寒潮、龙卷等，在美国较为常见，并且频频致灾。所以，美国民众对于天气节目有比较高的关注度。在主流的全国性的电视节目上，天气板块主要关注大的趋势，如寒潮来袭，或是区域性的灾害性天气，如加利福尼亚州高温，往往都是重点明确地关注一两个高影响天气事件，并不太追求面面俱到，关注到全国所有地区的天气形势。而各地的地方性电视节目和网络平台气象节目，一般会高度聚焦当地的天气变化，从实况、预报到影响，介绍得非常详尽且精细。他们在节目中经常使用雷达图，预报会精确到湿度、露点温度、日落时间、下雨的具体时间等，力求给当地民众的生活以切实的帮助。将这两期节目对比可发现，全国性气象节目与地方性气象节目之间的关系是相互加持、优势互补，两者的生存空间有所不同，关注点也有明显差异。

❷ 重点事件、重要节日之下民众对气象产品的需求

在日播天气节目的策划中，一些重点事件、重要节日显然是需要格外用心的，因为受这些事件、节日的影响，民众对天气的关注度会显著增高。重点事件包括日食、赏月、高考、钱塘江大潮，尤其是重点天气事件如台风、寒潮、暴雨等，更受瞩目；重要节日则包括春节、中秋节、端午节、清明节等。只有理清重点事件和重要节日下民众的需求变化，才能真正做好气象服务。如春节，大家会格外关注公路、铁路交通，其主要与能见度、路面湿滑、路面结冰等相关；对于体育赛事和户外集会而言，大风、紫外线、温度以及是否有降雨等要素则变得至关重要；就台风（飓风）而言，相比具体的登陆时间、登陆地点，大家更关注本地受影响的时段和程度，以及如何应对；而一些观赏活动会更多地受到天空云量的影响，并需结合一些天文要素。如本期的两段节目聚焦美国日全食，都将预报重点放在了天空云量以及是否有雨这方面。

❸ 气象服务的精细化如何呈现

气象节目更多的是为普通老百姓服务，大家的需求简单明了，就是想知道具体什么时候天气会怎么样、持续多久、有什么影响，并依此来安排自己的工作和生活。作为气象工作者，我们很清楚，气象预报只能是无限趋于准确，而不能做到百分之百精准，接纳预报的误差是做好精细化服务的前提，不能因为做不到绝对准确就模棱两可，就不给出判断，更好的做法是在节目中解释清楚这种不确定性，并给出不同可能性发生的百分比，尽可能呈现预报的真实面貌。同时，在天气节目中不局限于简单描述天气图上的明显信息，而应力求提供更多实用的预报细节。比如，春运时期南方不少地方会遭遇雨雪天气，那么具体到强降水时段是什么时候，降水相态会有什么变化，这种变化对于公路、铁路、飞机分别有什么影响，要想尽可能规避风险，出行者应采取什么措施，回答公众的这些关切，才是天气预报节目应提供的有价值的信息。

Laura: It is The Great American SOLAR ECLIPSE and we are just days away. This will happen on Monday, August 21.

Bernie: This is gonna go coast to coast, west coast to east coast, and a lot of people already ready for this, a lot of people getting into place, and it is going to be quite a show on Monday.

Laura: Hotels are full, shopping's been taking place. Folks are filling up the gas tanks. They can chase the solar eclipse. It spans 2,500 miles from west to east across the continental United States, it's going to start in Oregon and in the span of just about, Bernie? An hour and a half.

Bernie: An hour and a half. Right.

Laura: At least totality is going to go all the way across the country to South Carolina.

Bernie: And you could see all of the country will be impacted, but it's the center part of the country that we're gonna be getting the path of totality although. Was that about 68 miles?

Laura: 68-mile-wide path.

Bernie: Alright, let's take a look at the weather. Viewing conditions. You see the yellow and green. You are in good shape. You see the red, ehh, it's little shaky right now. Upper Midwest, parts of the southwest and also Florida and along the South Carolina, southern parts of Georgia, because we have thunderstorms to contend with. But by and large, a good chunk of the country will be A-OK. Now, let's take a look at some locations. We will begin with locations across Texas and the southern plain states, Laura.

Laura: So, check out the viewing time. This is the start time, so for central time here. And then you can see when it reaches its maximum, and in most cases, maximum is only going to last for 1 to 2 minutes. You can see a various number there. Memphis gets to 93%, San Antonio only 61.

Bernie: Meanwhile across the southeast, Myrtle Beach 99%, starts at 1:18, reaches its max at about quarter to three or so. As you head a little farther the south, Tampa 81%. Raleigh you are set in a pretty 93. Look at Atlanta 97%. I'll tell you what Laura, (when) even if it's cloudy in the areas, when you go and get part of the sun block, you're gonna notice it, because it is going to turn darker.

Laura: I wonder how many folks are taking vacation to see this on Monday.

Bernie: I'm not sure. We, well, we are both gonna be off, but we will continue to follow this, well and I'll tell you what, make sure you check out accuweather.com with lots of information there, Laura.

Laura: And we have folks that are going to be in the path of totality documenting this, so stay with us as we go right on through Monday in The Great American SOLAR ECLIPSE.

劳拉：这里是《美国大日食》。没剩几天了，日食会出现在 8 月 21 日，星期一。

伯尼：这次日食范围会跨越东西海岸。很多人都已经准备就绪，前往观看地点，周一真的会是一场天文观赏盛宴。

劳拉：所有旅店都已客满，大家都忙着预定。很多人都在给车加油，以便追逐日食的"脚步"。此次日食从西到东跨越了 2500 英里（约 4000 千米）的大范围陆地。在美国会从俄勒冈州开始，整个过程也就是一个半小时左右的时间，伯尼？

伯尼：是的，一个半小时。

劳拉：日全食会跨越美国全境最终到达南卡罗来纳州。

伯尼：可以看到，整个美国都会受到影响，都能看到部分日食景观。不过只有美国的中心部分能够看到日全食。是不是 68 英里（约 109 千米）左右？

劳拉：对，68 英里宽的一个路径区域。

伯尼：来关注一下天气方面，观测条件，黄色、绿色的区域是比较不错的。红色区域可能就不太理想了，像中西部的北部区域，西南的部分地区以及佛罗里达州，还有南卡罗来纳州沿海一带和佐治亚州南部，会有雷雨天气。不过总体来说，全国大部天气都还是不错的。来看一些具体地点。我们先从得克萨斯州和南部平原开始吧，劳拉。

劳拉：来看观测时间，这是开始时间，中部时间。后面这个是当地日食最大、最明显的时间。其实多数情况下，日食最佳景观只能持续 1～2 分钟。另外，可以看到，这里有很多不同的数值。孟菲斯可以看到 93% 的日食，圣安东尼奥只能看到 61%。

伯尼：与此同时，在东南部，默特尔海滩可以看到 99% 的日食，从 1 点 18 分开始，2 点 45 分左右是最佳时间。再往南，城市中像坦帕 81%，罗利还不错，93%，那亚特兰大预计是 97%。我想说，劳拉，其实就算当地是多云天气，当你在室外看到天空有云层遮挡的时候，你也能够察觉到日食，因为天色会明显暗下来。

劳拉：我在想周一会有多少人休假去看日食呢。

伯尼：不清楚啊，那天我们俩都休息，但还是会持续关注日食。重点是一定要关注 AccuWeather.com 获取更多信息，劳拉。

劳拉：我们也会有专人在全日食观测区域记录这一过程。所以，未来几天一直到周一要持续关注哦！精彩尽在《美国大日食》。

 经典提炼

in good shape 精神或身体状态好；处于很好的状态；良好的体形

例句：He's in good shape for a man of his age. 作为那把年纪的人来说，他身体不错。

shaky *adj.* 摇晃的；颤抖的；不可靠的

例句：We have all had a shaky hand and a dry mouth before speaking in public. 当众发言之前，我们都曾双手发抖，嘴巴发干。

　　　This can be a shaky marriage. 这段婚姻有点不靠谱。

contend *v.* 斗争，战斗；声称，主张

例句：It is time, once again, to contend with racism. 又是对付种族主义的时候了。

　　　John has to contend with great difficulties. 约翰得与那些艰难困苦作斗争。

　　　But the potential is simply too significant, the experts contend. 但是专家们主张，潜力是非常重要的。

by and large 大体上，总的来说

例句：The film lost money; reviews, on the other hand, were by and large favorable. 这部电影赔了钱；但从另一方面来看，评论大体上是积极的。

　　　Taking it by and large, the conditions of employment are good. 从大体上来说，就业条件是好的。

chunk *n.* 矮胖的人或物；厚块；相当大的量

例句：My mother bought a chunk of meat. 我妈妈买了一大块肉。

　　　The car repairs took quite a chunk out of her salary. 修理汽车的费用占她工资相当大一部分。

　　　I've completed a fair chunk of my article. 我已经把文章的一大部分写完了。

block *n.* 块；街区；大厦；障碍物

例句：A block of ice 一大块冰

She walked four blocks down High Street. 她沿着高街走了 4 个街区。

There is a block in the pipe and the water can not flow away. 管子里有阻塞物，水流不出去。

block *v.* 阻止；阻塞；阻挡，限制

例句：I started to move around him, but he blocked my way. 我开始绕开他走，但他挡着我的路。

The trees outside the window block the sun. 窗外的树林阻挡了阳光。

We blocked the enemy's plan. 我们挫败了敌人的计划。

在发生日食的时间，天气状况是决定能否观察到日食的关键因素，在决定天气变化的气温、气压、风和湿度四个主要要素中，气温的预报又是我们做出综合预报的关键因素，它涉及辐射、平流、垂直运动等影响。

1 气温日变化——正常情况白天高、夜间低

不同季节日出日落时间有差异，因此，最高气温和最低气温出现的具体时间也会有所变化。气温不一定白天最高，下雨的时候，凌晨的气温很可能高于白天。

2 决定气温的要素——辐射、平流、垂直运动

辐射主要指太阳、云层的影响。晴朗的白天会接收到太阳的加热，而夜间会失去热量，导致昼夜温差。当云很多的时候，特别是冬季南方的阴雨天，有时昼夜温差很小。此外，冬季因为天文因素（太阳直射点在南半球），北半球接收到太阳的加热要比夏季少，因此气温低，体现了气温的季节变化。

平流作用相当于空调的制冷或制暖功能。平时节目中常用的 850 百帕变温，约等于平流的升温和降温。如果有冷平流，同时还出现了降水，云层遮挡了太阳加热，就可能出现白天气温倒降的情况。

垂直运动会导致下沉增温。以北京为例，冬季有弱冷空气影响时，特别是在偏北风的作用下，气温容易出现不降反升的情况，这就是因为垂直运动导致了下沉增温。2013 年 11 月 30 日凌晨，北京出现了明显的下沉增温。02—03 时在北风的扰动下，气温从 -1.4℃ 蹿升到 8.0℃，在没有日照的情况下，本应该降温，但 1 小时反而升了 9.4℃。

综上所述，最高气温不一定总是出现在下午，它可以出现在一天中的任意时次，就看

辐射、平流和垂直运动的配合了。一旦冷空气夜间入侵，带来一整天的降水，往往就会出现白天气温比夜间低的情况。

③ 气温预报——不同时段的难易和不确定性

气温预报，在冬季相对容易，在春、夏、秋季相对复杂。春季回暖和秋季降温时，预报偏差往往较大。夏季出现锋面前部对流降水时，也容易失算，预报偏差大。总之，天气变化不大时，相对容易；天气变化剧烈时或天气系统过境前后，相对复杂。

假如冷空气前锋8日抵达，如果是凌晨到达，可能出现气温白天倒降的情况；如果是中午到达，下午气温下降，最高气温出现在中午；如果是傍晚到达，下午锋前增温，气温可能会比预想更高。如果是提前三天预报，即在5日晚上预报8日天气，冷空气的移速有10%的误差，影响时间可能从早晨推迟到了下午，带来的结论可能会反差很大。此外，冷空气活动，如果是晴天，干降温就不是很明显；如果有降水，降温会明显，如果降水出现在冷空气前锋的前侧（夏季多见），平流降温没有赶到，但辐射降温已经显现。

因此，夏季下不下雨，对气温影响很大。春、秋季冷空气过境时间早晚，对气温影响也很大。所以，当距离天气转折时间较长，不确定降水或冷空气到达时间，就不要轻易强调某天预报突然降温，最好采用"细节临近报，转折说区间"的方式，用时段的概念来表达，如播报说"8—9日冷空气抵达将导致剧烈降温"等。

总结启示

在不同的历史时期，引发高关注度的事件类型也悄悄发生着变化。随着社会的发展、人民生活水平的提高，一些娱乐观赏性质的事件多了起来，而解读这一类事件与天气的关联，可能需要的不仅仅是纯气象的信息，还需要附加上天文、地理等相关要素。本篇所选节目从美国日全食天气展望出发，探讨了气象节目如何做到精细化服务，特别是在重点事件下，如何给出简单气象信息以外更多的实用建议，从而赋予了天气预报节目真正的不可替代性。在追求气象服务精细化的道路上，需要依靠科学技术的进步，但科技也不是万能的，对于大自然我们要时刻保有一颗敬畏之心，不追求百分之百的准确预报，也不妄言过于长期的预报。

主播职业

国际气象主播职业背景
与趋势分析

节目概况 ▌▌▌

本篇素材选取美国最大的西班牙语电视台 Univision 知名气象主播杰姬·格雷多（Jackie Guerrido）介绍自己日常工作的视频。视频以"第三视角＋主播自身口述"的形式，记录了气象主播 Jackie Guerrido 在工作中的感受。

案例解读 ▌▌▌

一段短短 3 分多钟的视频，让我们看到了一个外国同行的日常工作。她与我国气象主播的工作有共同点，也有差异化；有其先进性，也有其局限性。下面就两个方面分析评述。

❶ 国际气象主播工作的共性——坚持与责任

我们看到，视频中穿插了 Jackie Guerrido 过去的很多镜头和画面，可以很明显地看出她与现在的年龄差异。从青春靓丽的青年到成熟沉稳的中年，Jackie Guerrido 一直坚守着天气主播这份工作，她认真、勤恳，从化妆到备稿，甚至个人形象的塑造和保持，都是一丝不苟的。Jackie Guerrido 曾说："播报天气是很大的一个责任！"

气象播报不同于其他综艺类主播或主持人工作，其形式单一、节目短小、陪衬元素少、施展的空间极其有限。做气象主播需耐得住寂寞，具备长久积累与沉淀，有责任感。

2 气象主播从业者背景的包容性与局限性

在采访视频中，我们了解到，Jackie Guerrido 还有一份其他卫视娱乐节目主持人的工作，每天要赶场穿梭于两个节目的录制现场，但她能够做到得心应手，游刃有余。

这种主播从业的兼容性可以弥补气象播报形式和内容单一化所带来的不足，避免播报语言和表达方式的固化，增加节目的活力和亲和力，从而更有利于主持人表达样态的多样化。但同时，这种从业的兼容性也可能会削弱气象信息的可信度、权威性，以及影响对于气象传播的专注度。

中英文释义

Being a weather girl for the first time, I remember, I was super nervous because it was a challenge, and I knew that being in front of the camera, it was one of my passions. The weather affects people in many ways, from the way they dress to the way they feel. Giving the weather is a big responsibility.

A typical day in my life starts at the gym. I start at the gym from 7-8. I work out for an hour, 4 times a week.

Every day, can you imagine this every day?

And of course, you have to take care of yourself. What you eat. Eat healthy. Drink a lot of water. Be happy. Most important one, be happy.

Guys, this is the last one, ready?

Now I have to go to Variety Studio. We have to record. So, you guys are more than welcome.

I'm also the host for Variety Latino. Variety Latino is all entertainment. It's from Hollywood news to Latin news. My mornings at Variety Latino starts at 8am. I go straight to the makeup room, wait for my makeup artist to transform me. I show her what I'm gonna wear. Then we decide what kind of makeup she's gonna, she's gonna do. And then, yeah, I get, I change, and we're ready. Ready for the action.

And then from there, I receive the script that I'm going to read the same day.

I read it on my way to the studio, so let's do it.

After Variety, I come straight to Univision. Before I go there, I feel a lot of responsibility. We go live, so there's no chance for me to make a mistake. Everything must go perfect. So, here's my studio. Here's where I record Emitting Facto. This is where everything happens, you see. We have here the green screen. It's a mystery when you do the weather because you don't have a map in the back. It's this green wall and I get to have the...these two monitors.

All the information that I have in my head, I don't have a prompter. When we give the weather, it doesn't have a prompter. Everything is in your mind.

This is where I look at the maps. And just pretend, you see that I'm touching something, which is nothing. And here the cameras, lights on, we are ready to go.

There's no time for you to make a mistake.

Stand by, camera. 5, 4, 3 ,2 ,1. Go.

Before I go there, I feel a lot of responsibilities. I mean, it's very sad when I have to come out saying that thousands of people lost their homes because of a fire, the high temperatures, or when people lose their lives. I don't think we have a slow day on TV. Univision has given me a great opportunity to connect more with our audience. I see it when I walk down the street. I feel the love. After I finished, I realize how blessed I am.

我记得第一次出镜主持气象节目时特别紧张，因为这真的是一个挑战，而且出镜主持一直以来都是我的追求。从穿着到感受，天气影响着人们生活的方方面面。因此播报天气是神圣的职责。

我的一天一般都从健身房开始。早上 7—8 点锻炼一个小时，一周四次。

日复一日，每天如此，你能想象吗？

当然，你得照顾好自己的身体：每餐吃什么，吃得健康点，多喝水，保持心情愉悦。最重要的就是要开心。

最后一个项目了，准备好了吗？

现在得去 Variety 摄影棚了，录制时间到了。欢迎来观摩。

我也是 Variety Latino 的主持人。这是一档娱乐新闻节目，包括好莱坞新闻、拉丁新闻等各种新闻。我差不多早上 8 点开始在这边工作，直接去化妆间，等待化妆师来给我化妆做造型。我会给她看我要穿什么衣服，然后我们讨论决定她给我化什么样的妆。之后，我就焕然一新啦，准备好拍摄啦。

在那我会拿到今天播报的文稿。

我会在去摄影棚的路上看一下。来吧。

录完 Variety 之后，我会直接去 Univision。

去那之前我就感觉到肩上沉甸甸的责任。气象节目是直播的，所以不能出错。一切都力求完美。这里是我的演播室，录制 Emitting Facto 的地方，录制工作都在这里完成。你看，这里有绿色背景。其实播天气挺神奇的，因为我们身后并没有地图，就是这个绿墙，还有就是两个显示器。

所有的信息我都得记在脑子里，播天气的时候没有提词器，所有都要背下来。我看地图的时候其实就是在看这个小显示器，就是假装、好像在指图，但其实什么都没有。摄像机和灯光就位，我们就可以开始录制啦！

你没有任何的犯错空间。

摄像准备，5，4，3，2，1，开始！

在进场前，我就感觉责任重大。当我不得不出来播报成千上万人因为高温、火灾丧失家园的时候，或者是当有人丧生的时候，是很伤感的。我觉得电视工作者没有慢节奏的生活。Univision 给了我一个很好的机会去更多地与观众建立联系。我走在街上的时候能看到、感受到大家的爱。录完了节目，我意识到自己是多么幸运。

经典提炼

script *n.* 脚本；手迹

例句：Jenny's writing a film script. 珍妮在写一个电影脚本。

She admired his neat script. 她欣赏他写的一手好字。

on one's way 行动中；前进中；在路途上

例句：I got done for speeding on my way back. 我在返回的路上因超速行驶而受罚。

I'll go to the newsagent's on my way home. 回家时我要去趟报刊店。

Text me when you're on your way. 路上给我发短信吧。

mystery *n.* 秘密，谜；神秘，神秘的事物；推理小说，推理剧

例句：The source of the gunshots still remains a mystery. 枪弹来自何处依然是一个谜。

She's a lady of mystery. 她是一个神秘的女人。

His fourth novel is a murder mystery set in London. 他的第 4 本小说是一个以伦敦为背景的凶杀疑案。

monitor *n.* 监视器，监听器，监控器；显示屏；班长

例句：The heart monitor shows low levels of consciousness. 心脏监控器显示意识水平低。

He was watching a game of tennis on a television monitor. 他那时正在电视监控器上观看一场网球赛。

monitor *v.* 监控，监听

例句：Officials had not been allowed to monitor the voting. 官员们未曾获许监控选举。

prompter *n.* 提词员；提示台词的设备

例句：I'll be the prompter. 我来题词。

in one's mind 在我脑海中；在我的心中

例句：There was little doubt in my mind. 我心里几乎没有疑问。

Let me write it down while it's still fresh in my mind. 趁记忆犹新，我来把它写下来。

walk down 沿着……走

例句：I watched her walk down the road until she was swallowed by the darkness. 我看着她沿公路越走越远，直至消失在黑暗中。

From the garden you walk down to discover a large and beautiful lake. 从花园往前走你会发现一个美丽的大湖。

blessed　*adj.* 神圣的，尊敬的；受祝福的，受上帝保佑的；幸运的

例句：The birth of a live healthy baby is a truly blessed event. 生一个活泼健康的孩子确实是一件幸运的事。

She's blessed with excellent health. 她身体很好，是一种福气。

气象点评

1 汛期知多少

我国处于东亚地区，属于典型的季风气候国家。每年的 4—9 月，我国的雨带会随着夏季风有规律地南北移动。一般从华南前汛期开始，紧接着有江淮梅雨、黄淮汛期、华北雨季、华西秋雨，以及与华北汛期同时的华南后汛期，这五大汛期。

（1）华南前汛期

华南前汛期发生在每年的 4—6 月，是东亚地区从春季到夏季环流过渡的时期。雨带位于华南地区，此时的降雨是西风带天气系统和热带夏季风气流共同作用的结果。北方冷空气势力逐渐减弱，但仍然能频繁南下入侵华南；西太平洋副热带高压脊线开始活跃在海口所在的纬度（20°N）以南，偏南风开始活跃，将热带洋面的热量和水汽往华南上空输送。热带气团与南下的冷气流在华南一带激烈交锋，形成每年的华南前汛期。值得注意的是，前汛期大部分时段是由热带气团携带的暖湿气流控制，随后赤道气团到来，华南前汛期进入鼎盛阶段。之后不久，华南将经常笼罩在副热带高压控制之下，呈现出酷热少雨的天气，雨带北推至长江中下游到淮河一带。

（2）江淮梅雨

每年 6 月大气环流基本完成由冬季型向夏季型的突变转换。副热带高压发生一次北跳动作并笼罩华南，副高脊线稳定维持在海口与台北所处的纬度之间（20°～25°N），东亚夏季风携带大量的赤道暖湿气流沿着副高西北侧边缘推进到江淮流域，中纬度西风环流中频繁的短波活动不断为这一区域提供冷空气，在冷暖气流对峙下，梅雨锋徘徊于江淮流域，并常常伴有西南涡和切变线，梅雨锋上中尺度系统活跃。通常梅雨期的降雨不仅具有较长的连续性，而且不乏暴雨等强降水产生。所以，副热带高压是梅雨背后最大的推手，可谓"副高一跃海南岛，江淮梅雨时节到"。

（3）黄淮汛期

每年 6—7 月江淮梅雨进入尾声时，副热带高压开始再次北跳，其脊线跃过台北的所

在纬度（25°N），并维持在这个纬度以北，这意味着黄淮一带主汛期到来。此时，偏南暖湿气流持续稳定地向北输送水汽，在副高脊线的北侧与西风带锋区相遇，因而多锋面和气旋活动，上升运动强，多阴雨天气。值得格外关注的是，由于淮河流域地势低平，蓄排水条件差，特殊的地形极易发生洪涝灾害，所以"副高跳过台湾岛，黄淮主汛拉警报"。冷暖空气交绥，容易形成黄淮气旋，使得山东、河南、安徽北部、江苏北部等地进入多雨时段，暴雨也掺杂其间，还有可能形成持续性的连阴雨天气。有的年份，黄淮汛期与华北雨季之间的界限并不是很清晰。雨带在黄淮、华北一带来回移动。

（4）华北雨季

通常在7月下旬，副热带高压继续北跳。随着副高脊线跃过并稳定在杭州所处的纬度（30°N）以北，标志着华北进入主汛期。此时夏季风带来的暖湿气流开始影响我国北方大部分地区，华北进入一年中降水最鼎盛的阶段，俗称为"七下八上"，这是华北防汛的重点时段。气象口诀将之概括为"副高跃过杭州湾，华北防汛七八间"。随着副热带高压的布控，冷暖空气在华北一带交绥，中小尺度系统开始在华北活跃，暴雨多发。与南方暴雨的区域性强不同，北方地区的暴雨降水强度虽大，但通常持续时间短、局地性强，而且年际变化大。

（5）华西秋雨

华西秋雨是8—9月发生在我国华西一带的雨，此时的大气环流形势背景主要包括副热带高压、南亚低压和西风槽等。发生典型秋雨时，副热带高压一般偏强偏西，呈东西向带状分布，脊线稳定维持在台北与杭州所在的纬度之间（25°～30°N），其主体控制江南和华南地区。南亚低压的位置和强度直接影响能到达华西地区的水汽输送，当南亚低压强度偏强时，西南季风盛行，青藏高原南支槽发展较深，从而容易将孟加拉湾的水汽向北输送，沿高原东南侧逐渐到达华西地区，暖湿气流与西风槽带来的冷空气相配合，华西地区的阴雨天气便铺展开来。华西秋雨的一个特点是夜雨比较明显，尤其是四川盆地夜雨尤多，因而素以"巴山夜雨"著称。

（6）华南后汛期

7—8月在西太平洋副高南侧的华南地区也通常有降雨过程。此时冷空气势力一般不能到达华南，这里的暴雨主要由热带扰动、东风波、台风等热带天气系统引起。这些天气系统造成的暴雨过程有些只有一两天，有些会出现连续性暴雨，甚至长达一周以上。东风波是在副热带高压南侧东风气流中产生的自东向西移动的天气尺度波状扰动。一般情况下，只在高层出现的东风波造成的降水不大，不会出现成片的暴雨，只有当中低层有气旋性环流出现时，才有可能出现大雨到暴雨，并有可能发展成台风。除了东风波和普通扰动外，影响最大的当属台风，每年约有10%的热带气旋从东风波中酝酿出来。

❷ 汛期到了，你准备好了吗

（1）教你看懂雷达图

我国夏季的降水与冬季有很大不同，夏季主要以对流性天气为主。而这种对流性天气的预报又是天气预报技术的难点。往往在短时临近对流时才可通过雷达来监测对流云团的动向。那么如何识别雷达回波图呢？在前面的章节已介绍，这里不再赘述。

（2）此暴雨非彼暴雨

暴雨是我国夏季最常见的天气之一。在气象学上，暴雨的标准是24小时内降雨量达50～100毫米。然而，由于我国各地气候的差异，对暴雨的定义又不尽相同。所以，我们在播报中除了遵照普遍意义上的标准外，更要参考地域化的气象标准，这样才能在气象传播中避免自说自话，做到气象传播接地气。

（3）我国天气舞台上的那些天气系统

在我国的天气舞台上有众多天气系统，大致可以归为以下四类。

波浪形：高空槽、长波、短波、超长波。

涡旋形：热带气旋、温带气旋、龙卷、西南涡、东北冷涡、副热带高压、大陆高压。

非连续面：锋面（指温度场的断面，近地面）、切变线（指风场的断面，3～5千米中高空）。

急流：高空急流、低空急流。

任何一次降水，并非单一天气系统所造成，往往是在多个天气系统的相互作用下产生的，这也正是天气预报的复杂所在。

☀ 总结启示 ▌▌

目前世界各国气象主播从业者的背景从广义上分为两种，一种是非气象专业背景，一种是气象专业背景。两种背景的气象主播各有千秋，都有适合其发挥优势的传播媒体和节目形态以及喜爱自己的受众。然而，我们发现，无论是气象专业背景还是非气象专业背景的气象节目主持人，他们都有一个共同点，那就是具有良好的语言能力和荧屏形象。而如果兼备气象专业背景和良好的语言能力、荧屏形象，气象节目主持人势必将最大化地发挥气象传播效能。当然，从业的过程中，非气象专业背景的主持人也能逐渐积累气象知识，甚至可能达到专业水平。

说到底，气象主播所从事的就是气象传播事业。从字面上理解，气象传播就是跨"气象"与"传播"两个学科的领域；从字面背后的含义解读，气象传播又是集"科学"与"人文"两种情怀于一身的工作。因此，对于一个优秀的气象主播来说，气象与传播、科学与人文，不是鱼和熊掌，而是骨与肉。

英美天气主播风格对比

节目概况

本篇选取 ABC（美国广播公司）天气主播英德拉·彼得森（Indra Petersons）和 ITV（英国独立电视台）天气主播露西·维拉萨米（Lucy Verasamy）的天气节目。

两个频道的天气预报节目特色鲜明，很具有标志性，也呈现出英美两国天气预报节目的两种极致的追求。极简主义和酷炫呈现方式的对比感觉非常直观，所以本篇主题并不是将两种极致的追求做一比拼，主要在于展示英式优雅和美式热情在天气预报节目中是如何体现的，从语言、体态、着装等方面来分析，英式传统和经典与美式前卫和现代之间，有哪些可以作为通行趋势为我们所学习和借鉴，又有哪些独具特色的美感，让我们来一一解读。

案例解读

1 英美两国天气预报节目的审美追求

英国的天气预报节目有着较强的标志性。没有繁复的图形展示，每张天气图形简单、直观，主持人用严谨的表述配合简单精准的图形，传递给观众的信息也非常清晰明了。

美国 ABC 作为美国三大商业广播电视公司之一，也具有很强的代表性。虽然它并没有像美国天气频道一样将 AR、VR 等视频制作技术在日常节目当中应用，但是超长的大屏、全身的景别、动感的图形展示，配合主持人热情的表述方式，使天气预报节目更加吸引受众。

② 英美天气主播风格大不同

英国气象主播着装简约，举止娴静优雅，用词严谨，语调平缓，肢体动作简洁但时时展示出自信优雅的气质，和节目图形风格非常统一，集中体现了欧洲的极简风格。节目画面中简约的线条、严谨的比例、谨慎的用色，虽然一眼看去没有跳脱的色彩、没有浮夸的设计，更没有炫技的展示，但仔细推敲却满是细节。

美国主播穿着时尚现代，而且早间节目本身是多位主持人互动交流引出天气预报环节，有很强的互动性和交流感。主持人播报时，语调起伏对比明显，用词相较英国主持人更加口语化，比较率性随意，甚至有演绎成分，个人特征鲜明。在表述过程中，本身就是全身景别，主持人前后左右移动范围较大，动作幅度也大，节目画面视觉效果更具冲击力，作为早间节目，具有较强的早间唤醒功能。

③ 英音、美音特征分明

英音以优雅、庄重为主要特征，而美音会更加洒脱、率性。下面选取一些比较有标志性的词汇，大家可以细细品味一下英音和美音各自独特的味道：class、answer、after、ask、past、example、can't、fast、chance、france、last、glass、pass、half。

④ 主持人的逻辑转折让节目内容跌宕起伏

美国天气节目主持人在节目开始时以西雅图作为切入点，介绍它刚刚经历过史上最热的 5 月，并且连续 8 天气温都在 80 ℉（26.7℃）以上，但话锋一转，说天气要转折了，由此开始介绍即将带来过程性天气的强大低压。

介绍低压的时候，主持人主要从两个方面进行了阐述。一是重提刚才说到的西雅图会迎来雨水，与最热的 5 月形成反差，并进一步用"甚至西南部的洛杉矶都会出现降雨"来强调低压影响范围之广；二是重点突出春末的 5 月，天气容易不稳定，"如果说南加州都出现不稳定天气的话，那随着低压的推进，中东部在本周中后期还会有更恶劣的天气"，以此说明低压影响的过程比较长、程度可能还会加深。

在大的天气尺度上强调完低压的范围与强度之后，主持人进入具体预报，重点强调了得克萨斯州今天将迎来 2～4 英寸（50～100 毫米）的降雨，"虽然看起来不是典型的恶劣天气，但别忘记几周前这里曾洪水泛滥，所以即将到来的降水无疑会让这里雪上加霜"。从要素预报延伸到影响预报，而且与当地之前的灾害相关联，做了很好的风险提示。

最后，主持人更是把节奏更进一步，推出重磅天气——5 月飞雪。主播在提到异常天气"雪"的时候，为了引起大家的注意，强调其不同寻常之处，还特别加以演绎。"接下来我们要说到一个 4 个字母的'脏词儿'，它是's'打头的，就是'snow'，没错，雪！"从"最热 5 月"说到"5 月飞雪"，逻辑上的铺陈、递进与转折，解说文稿的设计可以说层次分明、重点突出，是一个很好的关于重点天气的文案范例。

1 英国 ITV 的节目

Hello to you again. A very good afternoon, well, not quite as windy as it was yesterday. But it stays very much on the cool and breezy side for the time of year once more today. This is the earlier satellite radar picture, much of the action across northern counties here, in fact a few showers cropping up as the afternoon wears on, moving through quite a pace in that brisk breeze. So they shouldn't be lasting too long, most of us getting away, with the drier setup today. The cloud will tend to limit the bright blue skies. The best of the sunniest spots confined to the south and the east. And here, the best of the temperatures, a measly 20 or 21 degrees. All in all, the temperatures very much on the low side for the time of a year, feeling particularly cool where we've got the breeze and the cloud cover. I'll see you again soon. Have a good afternoon.

各位好，又见面了。很舒适的一个下午，风没有昨天那么大。不过就一年中的这段时间而言，今天还是有阵阵凉风。这是早些时候的卫星雷达图，可以看到对流活动主要在北部。今天下午不少地方可能会有突发性阵雨，伴随着凉风，降雨云系的移速会很快，所以也不会持续太久，今天外出不会受到降雨的太多影响。而云层将遮蔽蓝天，只有南部和东部能够享受明媚的阳光。与此同时，只有很小一部分区域气温保持在最舒适的 20 ～ 21℃。总的来说，气温都比常年同期要低一些，特别是在有风和云层遮盖的地方，会感觉格外寒凉。下一时段再会，祝各位下午好心情！

2 美国 ABC 的节目

We've got to give some shout-outs today out towards Seattle where they have seen the warmest May on record. We are talking about 8 days over 80 degrees. But that is changing. Very easy to see, big low hanging out there, this guy is gonna be moving in producing not just rain for Seattle but even as far south as Los Angeles. Now, maybe going in the Midwest. What do I care? Well, when you have unsettled weather this late in the season as far south as southern California, you are gonna be talking about the threat for more severe weather come the middle of the week. So, we are gonna have an unstable situation there, and that's what we are gonna be watching as we go towards the middle of the week. Do want to tell you out towards Texas today, about 2-4 inches of rain is gonna be out there. Not that atypical, remember all the flooding just a few weeks ago, so a little harder to recover with more rain in that region. Now, we got to talk about a four-letter dirty word starts with an "s". It is called snow. Yes, snow. We arc gonna be talking about snow in May in the Great Lakes, and even all the way through New England, places like upstate New York, maybe up towards Vermont, even New Hampshire. Talking about a light dusting, it's not a lot, but either way, these temperatures are the good 20 degrees below normal for this time of a year. And that's your wowzers for you Ron. Let's look at the big picture. Now look a little closer to home.

西雅图今天的天气真的是让人惊叹，恐怕是史上最热的 5 月了。已经连续 8 天最高气温在 80 ℉（26.7℃）以上了，不过天气形势即将发生变化。可以看到，有一个低压系统盘踞在这里，逐渐移入带来降水。而且不仅西雅图，南边的洛杉矶也会出现降雨，还可能会移入中西部。我的关注点是什么呢？其实，在这样的春末，如果向南一直到加利福尼亚州南部的大片地区出现不稳定天气，则本周中期很可能出现更恶劣的天气。所以说，这里的情况不太稳定，这也是到周中的时候我们要重点关注的。提醒各位注意，在得克萨斯将有 2 ～ 4 英寸（50 ～ 100 毫米）的降雨量，是这个季节比较典型的。别忘了几周前这里洪水泛滥，所以即将到来的降水对这一带来说是雪上加霜。接下来我们要说到一个 4 个字母的 "脏词儿"，它

是 "s" 打头的，就是 "snow"，没错，雪。我们得说说 5 月飞雪，在五大湖，甚至一直到新英格兰地区，比如纽约州北部，可能还会包括佛蒙特州，甚至新罕布什尔州都会受到影响。雪下得不会很大，薄薄一层，不过，不管怎么说，气温都比常年平均低了足足 20 ℉（约 11 ℃）。以上就是今天的天气 "炸闻"，罗恩。一起来看全国预报，看看你那里的天气情况。

 **经典提炼**

1 英国 ITV 的节目

crop up 突然出现，意外发生

例句：Keep calm when problems crop up. 遇事冷静。

His name has cropped up at every selection meeting this season. 他的名字出人意料地出现在了本季的每次选拔会上。

wear on 缓慢地进行；时间消逝

例句：The summer days wore on and life returned to its boring routine. 夏天的时光已经流逝，生活又恢复了昔日的无聊。

brisk *adj.* 敏锐的，活泼的，轻快的；凛冽的

例句：brisk winter's day 寒冷而清新的冬日

Taking a brisk walk can often induce a feeling of well-being. 轻快的散步经常能使人心旷神怡。

confine *v.* 限制，局限

例句：He did not confine himself to the one language. 他没把自己局限于这一门语言。

She was confined to bed with the flu. 她因患流感卧病在床。

He was confined to a wheelchair after the accident. 经过那场事故后他就离不开轮椅了。

measly *adj.* 极少的，少得可怜的

例句：Their wages have been cut in half to a measly $410 a month. 他们的工资已经被削减一半，每月只有少得可怜的 410 美元。

I'm just a measly twelve-year-old boy. 我只是一个区区 12 岁的男孩儿。

all in all 总的说来；从各方面来说；总之

例句：We both thought that all in all it might not be a bad idea. 我们两人都认为总的来说它或许不是个坏主意。

All in all, it had been a not untypical day. 总而言之，那一天平平常常，并没有什么特别。

All in all, there were twenty people present. 总共有 20 人出席。

2 美国 ABC 节目

record *n.* 记录，记载；唱片

例句：Keep a record of all the payments. 对所有付款做一个记录。

Roger Kingdom set the world record of 12.92 seconds. 罗杰·金德姆创下了 12.92 秒的世界纪录。

This is one of my favorite records. 这是我最喜欢的唱片之一。

record *v.* 记录，记载；录制；（仪器）标明，显示

例句：Her childhood is recorded in the diaries of those years. 她的童年生活都记在当年的日记里。

Did you remember to record that program for me? 你记得为我录过那个节目吗？

The thermometer recorded a temperature of 40℃. 温度计显示气温达到了 40 ℃。

record *adj.* 创纪录的

例句：Profits were at record levels. 利润水平是创纪录的。

hang *v.* 悬挂，垂下；悬浮；绞死

例句：I found his jacket, which was hanging up in the hallway. 我找到了他的夹克，它就挂在门厅里。

His breath was hanging in the air before him. 他呼出的水汽悬浮在他面前的空气中。

good *adj.* 十足的（强调）

例句：We waited a good fifteen minutes. 我们足足等了 15 分钟。

气象点评

就节目中气象主播提到的 5 月飞雪这个异常的预报结论，来详细分析落地前"最后一公里"的各种情形与降水相态的关系。

每年到了秋冬季，气温下降，下雨逐渐变成下雪。但是差不多的气温，为何有的下雨，有的下雪？为何还有雨夹雪、冰粒或冻雨？因为在落地前"最后一公里"的路上，它们有着不同的经历。

如果从高空到地面，气温都低于 0℃，那么高空的雪花就会一直往下落，即下雪；夏天的时候，地面附近气温很高，0℃层高度在 3000 米甚至 5000 米以上，所以，雪花在空中融化为雨滴，下的就是雨；但如果地面附近气温略高于 0℃，0℃层高度在几百米，这个时候就有些复杂了，可能是雨，也可能是雪。

冰粒和冻雨中间有夹心暖层，但薄厚不同。当雪花遇到较薄的暖层，半融化或者刚融化，随后进入冷层，落地前再次冻结，形成冰粒（雪籽）；如果暖层相对厚一些，落地前没有冻结，但地面（地面的物体，如树枝、电线）温度低于 0℃，冻结成冰，就是冻雨。

到底下什么，关键看邻近地面的温度分布，如果温度分布正常，地面附近很暖，那就下雨；如果都很冷，从上到下全在0℃以下，那就下雪；如果半冷不暖，就是雨夹雪。如果温度分布不正常，出现了逆温夹心结构，暖层薄的是冰粒，厚的可能是冻雨（地面温度如果高于0℃，雨滴不冻结，还是下雨）。

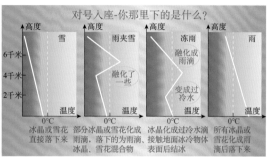

总结启示

1 节目风格无论是极简还是现代，都是为了更好地传播信息

无论是英国的极简风格还是美国的现代化呈现，都是为了更好地贴合各自国民的文化、喜好和审美方式，以求通过大家喜闻乐见的方式更好地将气象信息传播出去。风格也会随着时间、技术、国民喜好的变化而不断发展进化。英国ITV只是英国气象节目制作的一个缩影，英国BBC的天气预报节目也经历了发展上的重大变革。BBC的天气预报节目从1922年开始与英国气象局（Met Office）合作，2015年宣布将终止与英国气象局的合作，其后使用MeteoGroup的气象服务。英国气象局隶属于英国商业、能源和工业战略部，支撑英国的商业气象服务市场。MeteoGroup是欧洲领先的私营气象公司，它为包括BBC在内的多家欧洲电视台提供天气播报服务（信息来源：中国气象局官方网站）。

所以，对于BBC的天气预报节目来说，新的合作方会开启一个全新的呈现方式，虽然传统的极简风格、经典的内容还会传承，但是节目总体风格还是会有一些新的转变。而这样的转变或许会带有国际化通行趋势的印记，笔者也希望在经过几年的素材积累之后，可以通过对比2015年前后节目的总体特征，用数据和实实在在的变化来探索、总结电视天气预报发展的国际化通行趋势。

2 "气象传播"中图形呈现的延展意义与传播的延伸

以美国ABC的这档节目为例，见下图，这幅图简单来看反映了一个国家总体气温的概况，这样的呈现方式美国早在 20 世纪 50 年代就开始出现了，70 年代开始普及，一直到现在持续了 70 多年。如果国民不需要或者不喜欢这样的呈现方式，那么就不会形成超过半个多世纪的传统，而且这类图形可以说是从本来孤独的坚守到后来风靡成为全球现象，图形内容信息呈现也越来越细。其实它的意义并不在于表达各地气温，而是让观众对国家总体温度有一个概观或是基本印象，它不仅仅承载了基本气象信息的传播，也体现了"气象传播"中图形呈现的延展意义。(资料来源：宋英杰，等，2021.全球天气节目简史［M］.北京：气象出版社.)

随着时代的发展，美国 ABC 的栏目 Good Morning America 还出现了多位主持人互动的节目类型，这对于天气预报节目主持人的要求也有了很大程度的提升：天气预报节目主持人不能只说天气话题，在新闻频道、综合频道里，天气介绍完毕后需要有延伸话题和延展内容，即采取天气与资讯深度融合的"天气＋话题"的传播方式。所有人都会在同一个话题中多轮次交流探讨，通过对美食、旅游、健身等话题的延展，达到与天气信息的深度融合，而这一切的源头都是天气信息。

对直播中"故事"与"事故"的探索界定

　　本篇探讨的视频是"BBC天气直播出错集锦"。随着欧美等国家气象节目日益多样化，直播类气象节目也占据了越来越大的比重，随之而来的不仅仅是节目形式多样化，也出现了越来越多失误的可能性。直播节目中的失误，有一些经过主持人巧妙机智的临场应变处理，可以提高节目本身的观赏性，失误无伤大雅，应对得好，反而锦上添花；但是有一些失误，牵涉政治、文化等诸多方面的严肃话题和敏感领域，就可能被认定为直播中的事故。所以，在直播中如何划定其边界线，让自己游刃有余地掌控直播，成为今后探讨和学习的重点。

案例解读

　　网络时代，受众承受和包容的程度正在发生变化。人们往往乐于在原本严肃刻板的节目中寻求颠覆传统的轻松。所以，对于欧美很多国家，天气预报版块在新闻栏目中不仅可以起到调节时间的作用，还可以缓和气氛。英国的这些天气节目错误集锦并不是网友所为，而是官方的"主动集锦"，由此可以看出，欧美一些国家对待天气节目的态度正在发生与时俱进的变化，使节目更加多元化。

总体而言，欧美国家天气节目中的谈话是熟人社交般的轻松随意，有些电视台甚至会将节目中的 NG（"NOT GOOD"的缩写，意为拍摄过程中的失误）片段编串成集进行官方发布，这些片段有的是直播中的自然状态，有的是刻意为之，在近年来的社交媒体上，往往成为人们的谈资甚至热门话题。

对于那些可以灵活化解的"小事故"，可以通过观摩和探讨国外节目，结合主持人自己的直播经验，共同归纳应对直播节目的技巧与心得。

2012 年英国，直播中不知因何而狂笑不已

中英文释义

1 Outdoor Incident（外景意外）

Not quite as hot and humid as it's going to be in the next few days.
不过之后几天更闷热（亮点在狗）。

WP: It will still be hot and humid. Not quite as hot and humid as it's going to be in the next few days. What ya gonna do?

H: Oh, Carol, don't look behind you. don't turn around.

WP: I'm upstaged by a dog. It's a story of my life.

气象主播：天气将会很闷热，之后几天湿热的感觉还会加剧。要怎么办呢？

主持人：哦，卡罗尔，不要回头看！别转身！

气象主播：我被一只狗抢戏了，这真是人生的辉煌经历啊！

2 Something Wrong with Screen（屏幕出问题）

WP: There could be as much as 10-20mm of rainfall. And we will see temperatures dropping to around 11 or 12 degrees Celsius as we go through into the morning. I'll hand you back to Hugh for now. And I'll be back with more for you in half an hour, Hugh.

H：Not just 1 Helen, but 2 Helens. And I am, frankly, happy with 2, 3, 4, 5 Helens, but we'll see you later on, Helen. Thank you very much indeed.

气象主播：雨量将达到 10 ～ 20 毫米。夜间到清晨气温将下降至 11℃或 12℃。现在把现场交还给摄尔修斯，半小时之后我将为你带来更多天气信息，摄尔修斯。

主持人：一个海伦还不够，来了两个。坦率地说，两个、三个、四个、五个海伦来我都开心。海伦，一会儿见，非常感谢！

3 Stutter& Slip of Tongue（口吃与口误）

In fact，as we go towards Friday and the weekend，temperatures will be back to normal. Scattered spells..sss...showers and some sunshine.

星期五和周末的气温将恢复正常。有分散性的阵阵阵雨……和一些阳光。

4 Co-Workers' Operational Error（其他工作人员操作失误）

H: It's that time of the evening now.

    To get a check on the weather with Wendy. Hopefully...

WP: Eh ... Well...

    If you can see me ...

    We've got a fairly decent condition to end today.

主持人：又到了晚上的这个时间段。

        与温迪一起看天气。希望能看到她……

气象主播：额，好吧。

        如果你能看到我的话。

        我们今天结束的方式真"得体"。

（注：气象主播 Weather Presenter 缩写为 WP；主持人 Host/Hostess 缩写为 H。）

 经典提炼

upstage *vt.* 抢……镜头；使相形见绌 *adj.* 舞台后部的

例句： The bride said she really didn't mind being upstaged. 新娘说她一点儿也不介意被抢镜。

decent *adj.* 得体的；相当好的；正派的

例句： Maybe we'll get a decent headmaster now. 现在我们大概会有一个像样的校长了。

stutter *n.* 结巴，口吃

slip of tongue 口误

lightning 闪电；闪电般的（名词、动词、形容词都有）

thunder *n. & v.* 雷声，打雷，发出隆隆声

bolt *n.* 雷电 *vi.* 逃跑；冲出 *adv.* 直立地；突然地

例句：Suddenly a bolt of lightning crackled through the sky. 突然一道闪电划破长空。

She sat bolt upright, staring straight ahead. 她笔直地坐着，眼睛盯着前方。

 背景分析

① **国内直播类气象节目发展概况**

在中国，直播类气象节目起步较早，已经有近 20 年的发展历史。2004 年 11 月 2 日，中国气象局华风气象传媒集团制作的《旅游天气预报》，在当时的旅游卫视午间段直播，开启了我国"直播类天气节目之先河"。2006 年 6 月 5 日起，为配合 CCTV-1 综合频道、CCTV-13 新闻频道开播的新闻直播节目《朝闻天下》，每天 06:00—08:30 在以上频道采取"直播"形式播出天气节目，直播类天气节目正式登陆国家级媒体。

目前直播类气象节目主要作为电视台新闻节目的子栏目，采用连线气象主播的形式，由天气主播播报天气信息，部分节目辅以互动和问答。根据调研数据统计显示，已经使用"直播连线"的形式引入天气节目的有中央广播电视总台的综合频道、新闻频道、国际频道等，另外北京、天津、上海、深圳等地方媒体电视频道中，直播类天气节目也日趋常态化。

直播类气象节目时效性特点显著。目前气象部门通常每 2 小时更新一次相关数据，越临近的信息预报，准确率会越高。而直播节目的"零时差、同步性"恰恰满足了受众对于气象信息时效性的需求。尤其是在重大灾害天气发生时，直播类天气节目可以第一时间发布权威天气信息预警，为应急管理和防灾减灾提供重要信息。因此，直播类气象节目在一定程度上兼具功能性和社会责任。

② **国际直播类气象节目发展概况**

2013—2018 年，在法国巴黎举办"气候变化与天气传播国际论坛"，我国的气象主播通过调研各大洲数十个国家提交的天气节目发现，欧美国家的直播类天气节目比例较高。以美国为例，2015 年，有来自美国广播公司、美国全国广播公司、哥伦比亚广播公司、美国天气频道的四位气象主播代表参加"气候变化与天气传播国际论坛"，其中一位主播的日常节目为准直播节目，另三位主播的日常节目均为直播形式。

除此之外，仅中国、蒙古国、菲律宾、阿根廷等少数国家存在较高比例的直播类大气节目，其余大部分参会国家的天气节目都是以录播为主，而亚洲的印度，以及非洲除南非之外的大部分国家，目前还没有直播类天气节目。

总结启示

1 为什么要互动

信息传播越来越呈现"问题化"传播的特征，即一个个信息点以问题的方式进行分解，在问与答的一轮一轮互动当中逐步分解。比起一位专业人士用冗长的篇幅、拖沓的节奏自说自话，新闻主播（或记者）提问，气象主播（或气象专家）回答这样的方式，有着传播上的显著优势，将成为气象传播的一种"新常态"。

2 为什么要进行多轮次互动

天气信息有着诸多的线索和情节，信息的传播需要在多轮次的问答互动中逐步展开和递进。新闻主播（或记者）的提问，实际上代表着公众对于特定气象问题的疑惑和诉求。选择合适的切入点，契合社会热点和公众热议，容易抓住受众的注意力。针对气象主播（或气象专家）的回答，继续追问，是基于受众的理解力和关切，对话题进行延展。同时，多轮次的互动，也能够激发气象主播（或气象专家）进入对话语境，通俗而平实地阐述，实现从学术味到"接地气"的蜕变。

3 目前我国气象节目中互动的常态

国内气象节目从 2004 年旅游卫视的新闻栏目开始，启动了直播互动模式，倡导新闻主播与气象主播之间"生活化开场、即兴式交谈"。

中央广播电视总台《朝闻天下》天气预报直播连线节目，自 2006 年开播以来取得了长足的发展。节目刚开播时，新闻主播与气象主播之间的"互动"方式是传统的"一问一答"模式。2015 年，国家级气象主播团队开展了项目研究——"直播类天气预报节目样态机制与策略研究"，在国内开创性地提出"多轮次互动"理念，并首次运用于中央广播电视总台《朝闻天下》《第一印象》等早间直播连线类天气预报节目，气象主播与新闻主播的互动轮次增多，有意识地运用反问、设问等技巧，极大地增强了受众的带入感，使气象信息传播更加真实、自然，取得了很好的收视效果。这对于气象主播团队品牌塑造和气象直播类节目整体品质提升发挥了重要作用。

4 欧美国家气象节目中互动的特征

针对互动的样态，我们研究了 CNN、BBC、ABC 等世界主流媒体的 300 余档直播类气象节目，特别是早间气象节目，并对其中有代表性的 20 档节目进行重点分析。

欧美国家新闻栏目中的气象版块大多是新闻主播和天气主播以多番问答的方式进行，即可以聊天可以调侃，在一轮一轮的探讨中，话题或深入或跳跃。虽然交谈式信息传播的节奏放缓，并存在一定的发散，但信息经过稀释、发酵、梳理，更易于公众理解。

一旦出现公众热议的预报失误，最好的方式不是回避，而是需要坦诚地表达歉意或对造成预报偏差的原因进行解读。如果是主持人主观层面的失误，比如做出了影响不大的、一般性的、不够精确的预报，例如多云报成晴天，中雨报成小雨，人们大多会待之以宽容；但如果一项预报引发社会强烈反响，相关机构或相关人员需要做到不回避、不遮掩，诚恳地表达歉意；而如果是直播中技术配合层面的问题，那就要靠主持人临场的积极应变，让直播"化险为夷"。

副语言的魅力

节目概况

　　视频呈现是一门视听兼备的传播艺术。从受众的角度看，"视"与"听"相互影响，这就要求主持人既要注重有声语言的表达，还应重视如目光语、体态语（手势语）、表情语及服饰语等副语言的运用。

　　本篇选取美国 ABC 电视台的 Good Morning America 和美国 ABC 附属波士顿地方台 WCVB 的 Storm Team 两档节目。两档节目的天气节目主持人分别是朱莉·杜尔达（Julie Durda）和辛迪·菲茨吉本（Cindy Fitzgibbon），两位主持人风格鲜明，善于运用丰富的副语言。结合这两档节目及其他优秀国外天气节目案例，重点探讨国外天气节目主持人如何通过恰当的副语言来辅助天气信息的传播。

案例解读

　　Julie Durda 主持的 Good Morning America 是美国 ABC 电视台的一档全国性的早间节目，Cindy Fitzgibbon 主持的 Storm Team 则是一档美国波士顿地方台 WCVB 专门针对波士顿地区的节目。两档节目定位及收视人群不同，但两位主持人在副语言呈现上皆有可圈可点之处。

1 多样化手势语的运用

手势语是天气节目主持人运用最多的副语言之一，图解式手势成为天气节目主持人区别于其他节目主持人的重要特征。近些年，随着精细化预报水平提高以及天气图形和虚拟场景的多元发展，各国天气节目主持人在手势语运用上也都做了相应调整，呈现以下几个显著趋势：指图互动积极，时间占比长；动作幅度较大，调整变化多；姿态趋于个性化，个人风格突出。

以两档节目为例，两位主持人都运用了大量的手势语，其中 Good Morning America 视频总时长 59 秒，Julie 在视频中的指图时间约 21 秒，约占总时长的 36%；Storm Team 视频总时长 177 秒，Cindy 指图时间约 102 秒，占总时长的比例更是高达 58% 左右。

两位主持人在展示天气信息时，运用精准的手势语指图，对天气信息进行强调和有效补充。其中，Cindy 在与图形互动时，手势姿态还会随图形样式而变换。如在表达地区气温下降时，非常自然地运用手掌下压的手势；在展示云团运动轨迹时，手势和姿态则跟随云团一起运动，有效增强了有声语言的形象感，使表达内容更加清晰。相较之下，Julie 与图的互动没有那么紧密，但她更善于使用生活化的手势语，塑造出生动的荧幕形象。如与新闻主播互动时掐腰、摆手，在提到好天气时振臂高呼，播报过程中自然拍掌、搓手等，轻松自然的风格与早间节目唤醒功能相契合。

现今国际上，一些颇具个性的主持人打破原有单手侧身指图的手势传统，运用双手指图，或在手势语上大胆创新，使之成为其鲜明的个人标签：如法国的天气主持人卢瓦克·鲁斯瓦尔（Loic Rousval），将"孔雀式"指图强化形成自身标志性手势，打下了深深的个人烙印；来自德国的专家型主持人卡斯滕·施万克（Karsten Schwanke），指图动作幅度大、不按套路出牌，无论在其本国还是国际上都独树一帜，让人印象深刻。

2 灵动的表情语呈现

天气节目属于生活服务类节目范畴，与受众日常生活紧密相连，因此天气节目主持人应具备一定的亲和力和感染力，而灵活丰富的表情语是体现共情能力的有效方式。

两位主持人所呈现的播报状态积极松弛，表情语灵动而富于变化，甚至根据所播报的天气内容，运用"适度夸张"的生活化表情语来传递自己的情感。例如，Cindy 在播报到天晴温暖时，会露出得意的微笑，在播报降温寒冷时，则会运用皱眉来表现沮丧的心情，通过表情语流露真情实感，主持人的生动形象跃然于画面；Julie 则喜欢用眼角和眉毛上扬等小表情语来展现俏皮的个性，通过这种类似于"朋友之间"的表情语交流，容易与受众产生共鸣。灵活丰富的表情语是欧美天气节目主持人播报时的共性特点。

❸ 生活化服饰语的展示

服饰语是副语言的一个重要组成部分，是视觉传达过程中的重要符号，往往也是主持人带给观众先声夺人的第一印象。国际上，男主持人多以稳重色系的西装套装为主，女主持人的主流服饰则以较为正式的长袖、七分袖套装或连衣裙为主。不过，近年来，随着天气节目类型增多、虚拟技术的发展以及人们审美认知的改变，国外天气节目主持人在出镜服饰选择上也做出了新的尝试。首先，区别于较为正式的职业套装或套裙，越来越多的天气节目主持人开始青睐生活化的服装款式，如无袖连衣裙、质地轻柔的衬衫、运动衣或民族传统服饰。其次，服饰颜色选择上也有所突破，以往女主持人多选择饱和度较低的颜色，现在开始逐渐尝试饱和度高的亮色服饰，甚至在节目中穿着大胆的荧光色连衣裙。再次，主持人在服饰搭配上更注重细节，会具体根据节目类型定位、虚拟场景设置、播出季节时段等而选择不同的服装样式。如本节内容所讨论的两档节目里，两位主持人均不谋而合地选择了相对生活化的无袖裙装，与节目播出季节（春夏）以及天气节目生活服务定位较吻合。同时，虽然款式相似，但挑选服装颜色的差异化也展现出两位主持人的不同个性：Cindy 衣着暗红色，颜色较深，彰显沉稳专业；而 Julie 衣着鲜红色，颜色较亮，显得较为活泼、亲切。另外，有些国家的主持人在重大节日时，会应景地穿上本国的传统民族服饰；在虚拟现实场景中，则会选择跟场景相搭配的专业户外服饰，以更好与节目内容相融合。

1 Good Morning America – Julie Durda

The next system starts to move in towards the Ohio valley bringing some showers and precipitation, but ahead of it is a warm sector. A warm sector means warmer temperatures ahead of this system. Then once this system does clear, we are expecting a bit of cooldown, but what you notice is high pressure builds so fast behind it. Not too big of a dip in our temperatures. We are expecting the 50s for New York. Yay! We're 50s. Hopefully that'll be something you are going to enjoy, because as we go back to the west, the Pacific Northwest, precipitation will be falling over portions of mainly Canada and into the northern parts of Seattle. Now we are expecting a very nice day across the southeast once temperatures warm up, but that cooldown, remember, across the southeast providing for a hard freeze watch and warning. Please be careful out there. Take a look at your local forecast right now. Live outside.

接下来这个天气系统开始逐渐移入俄亥俄河谷，会带来一些降雨。但是在它之前有一个暖区，暖区就意味着在这个系统来临前气温会有所上升。当这个系统过去后，气温将会下降。不过要注意到有一个高压紧随其后，所以气温不会有大幅下降。纽约会是五十几华氏度（10～15℃），耶，五十几华氏度（10～15℃）哦！希望各位都能享受这样的好天气。而在太平洋西北地区，降水将会覆盖部分地区，主要是加拿大，还有西雅图北部。就东南部而言，当气温逐渐回升后，预计天气会很好。但是别忘了东南部这一带的降温，为此可是发布了冰冻预警的，还是要多加注意。一起来看具体的城市天气预报。

② Storm Team – Cindy Fitzgibbon

It's fall officially now. What's interesting is that this afternoon and tomorrow afternoon warmer than the last couple days of summer, cause it was in the 60s yesterday. Yeah, so here we are. This is how chilly it was this morning, lots of 40s and 50s across the area. But look at this. A few spots actually dipped into the 30s this morning. Yeah, Norwood 38. Lunenburg and Pepperell both 39, so close to Natick right around 40 degrees and lower 40s in Bedford. So, it was a chilly start, but just like that we have warmed up. Look at the blue sky, not a cloud out there to see right now, so it is just fantastic outside. And you can see the temperature. It's 66 degrees, so we've come up nicely. The area is very dry with dew point in the mid-40s. But notice the wind. It is out of the east now, so that wind is coming in off the water, so that is gonna keep us a little bit cooler through the afternoon right along the coastline. We're seeing that now. It's 68 in Beverly, but you jump inland, notice Bedford, which was in, you know, the low 40s this morning, now 70 degrees. Also 70 Fitchburg, Worcester at 67. We're 69 right now in Norwood, and notice Taunton and New Bedford right around 70 degrees starting out this morning, coolest morning since June for many areas. So, it was cool out there, but mid-60s on the cape right now. You can see the absence of cloud cover here, just a few high clouds you can see skirting across the cape right now. But what I'm watching here to the south, there's a large area of clouds and see there's some moisture. This is all suppressed to our south right now. And there's an area of low pressure that's trying to get better organized. For now, it is just sitting here to our south, but there is a chance that as we get deeper into the weekend and especially early next week, this may back up toward the coast and drift northward a little bit.

And if that happens, we too could get in on more clouds and rain. So that's kind of the wild card in the forecast once we get beyond the weekend. Between now and then, this afternoon, sunshine, a bit of sea breeze will hold near that 70-degree mark at the coast, with some mid and even a few upper 70s over the interiors. So, we are pleasant this afternoon. Great night at Fenway if you are headed to the park, 7:10 first pitch should be about 67, temperatures gradually falling down to around 60 by the end of the game. Overnight will back down to the upper 40s and 50s, not as cold as last night, coming a little patchy fog by morning, otherwise tomorrow just a few clouds mixing with the sunshine. It's gonna be breezy, one more day between about 70 and 75 tomorrow. But notice this front dropping in with just a few passing clouds, on the other side of it, cooler air is gonna be settling on in. So, you are gonna notice the temperatures come down a little bit. As we head toward our Friday and Saturday, highs are in the 60s, morning lows are in the 40s. And Sunday features a good amount of sunshine, but you see that cloud late in the day. We'll have to watch that because Sunday night we have a rare lunar eclipse happening when there's a super moon. So, the moon is gonna look bigger and brighter and it's gonna have a reddish glow. And then the eclipse begins just after 9 pm and winds down after 11. Check it out. Hopefully the clouds will stay away, but early next week, again, the chances of some showers, we're gonna watch to see how far north that area of low-pressure drifts. One thing out ahead of that low, there's gonna be a persistent east-northeasterly wind. So, with astronomically higher tides because of the full moon, there could be some minor splashes over the coastline. So, something to watch as we head toward early next week. Certainly, we could use the rain but plans between now and the weekend looking good with lots of sunshine. Fall is here.

终于正式入秋了。不过有趣的是，今天下午和明天下午会比过去几天还属于夏天的时候更热。因为昨天只有六十几华氏度（16～20℃）。来看看吧，今天早上寒意十足，很多地方只有四五十华氏度（4～10℃）。再看这些地方，今早气温甚至跌到只有三十几华氏度（接近0℃）：诺伍德38℉（3.3℃），卢嫩堡和珀勒尔都是39℉（3.9℃），纳蒂克40℉（4.4℃），贝德福德40℉（4.4℃）出头。所以今天一开始还是很冷的，但即便如此，天气还是很快就暖和起来了。看看这蓝天，现在真是万里无云，外面天气好极了。现在气温是66℉（18.9℃），升温很快。这一带相当干燥，露点温度只有45℉（7.2℃）左右。不过还要注意风，目前是从东边海面刮过来的，海风会让海岸一带下午感觉凉爽一些。现在其实就能看到了，贝弗利现在68℉（20℃）。不过内陆地区，比如贝德福德，今天早上只有40℉（4.4℃）出头，现在已经70℉（21.1℃）了，菲奇堡也是70℉（21.1℃），伍斯特67℉（19.4℃），诺伍德现在69℉（20.6℃）。陶顿、新贝德福德也是在70℉（21.1℃）左右，而今天早上对很多地方而言，可是6月以来最冷的一个早上啊。所以说，早上的确是很冷，但是科德角现在65℉（18.3℃）左右，这一带基本没有云层覆盖，只有一些高云，现在环绕在科德角周围。不过要注意的是往南有一片云团和一些水汽，目前都被压制在南边。而且还有一个低压系统，正在逐渐成形发展壮大，尽管现在还在南边，但有可能在这个周末，特别是下周早些时候，这个系统会向海岸靠近然后再向北移动。

如果这样的话，就会有更多的云层以及降雨。所以说，这个周末过后，预报上还是有一定的不确定性。不过在此之前，今天下午阳光充足，微微海风，海岸一带的气温会在 70 ℉（21.1℃）上下，内陆则会在 75 ℉（23.9℃）左右，一些内陆地区还可能达到 75 ~ 80 ℉（23.9 ~ 26.7℃）。所以，今天下午还是很舒服的，如果要去芬威公园观赛，夜晚也是好天气，比赛开始的时候（7 点 10 分），气温 67 ℉（19.4℃）左右，到比赛结束的时候气温会逐渐下降到 60 ℉（15.6℃）。后半夜会跌到只有四五十华氏度（4 ~ 10℃），相比昨夜也不算太冷，到了明早会有雾气，不过明天白天基本上是晴间多云，会有点风，气温在 70 ~ 75 ℉（21.1 ~ 23.9℃）。不过，要注意这个锋面以及一些云层。在它的另一侧，冷空气将来袭，所以气温会下降。到这个周五和周六的时候，最高气温在六十几华氏度（16 ~ 20℃），最低四十几华氏度（4 ~ 9℃）。周日阳光充沛，不过晚些时候会有一些云层出现，这是需要留意的，因为周日晚上会有罕见的月食，超级月亮。月亮看起来会更大更亮，而且会有红色的光晕。月食在刚过 9 点的时候开始，结束于 11 点多。具体来看，但愿不会有太多云层遮挡，不过到了下周初又可能会有阵雨天气。我们也会继续关注那个低压系统会向北运动到哪里。而在这个低压到来之前，会有持续的东偏东北风，加上受超级月亮影响的天文大潮，可能会在海岸线一带出现小规模海潮。所以即将到来的一周还是要多加注意。虽然未来的降雨也有好处，但目前看来今天到周末还是会有明媚天气相伴的，适宜出行。秋天到啦。

经典提炼

1 Julie Durda 的节目

clear *v.* 清理；消散；恢复畅通，不受阻；放晴

例句： clear one's throat 清嗓子

The early morning mist cleared before we set out. 在我们动身前，清晨的薄雾就消散了。

The traffic took a long time to clear after the accident. 事故过去后很久交通才恢复畅通。

The sky cleared after the storm. 暴风雨过后，天转晴了。

dip *v.& n.* 蘸；下沉；下降

例句：a sharp dip in profits 利润急剧下滑

Unemployment dipped to 6.9 percent last month. 上个月，失业率降到了 6.9%。

The sun dipped below the horizon. 太阳落到地平线以下了。

② Cindy Fitzgibbon 的节目

absence *n.* 缺席，不在；缺乏，不存在

例句：The presence or absence of clouds can have an important impact on temperature. 云的有无对气温会产生重要影响。

absent *v.* 不在的，缺席的；心不在焉的

例句：absent-minded 心不在焉的

Why did you absent yourself this afternoon? 你今天下午为什么缺席？

skirt *v.* 绕过；沿边走；回避

例句：We raced across a large field that skirted the slope of a hill. 我们快速穿越山坡边的一大片旷野。

He skirted the hardest issues, concentrating on areas of possible agreement. 他避开最难的问题，而专注于可能达成一致意见的领域。

suppress *v.* 镇压，压制；抑制，阻止

例句：The government is suppressing inflation by increasing interest rates. 政府正通过提高利率来抑制通货膨胀。

moisture *n.* 水分；潮湿；水汽

例句：When the soil is dry, more moisture is lost from the plant. 土壤干燥时，植物就会失去更多的水分。

My skin feels tight and lacking in moisture. 我的皮肤感觉紧巴巴的，缺乏水分。

back *v.*（使）后退，倒退；支持；背对着，背靠着

例句：I backed up carefully until I felt the wall against my back. 我小心翼翼地后退了几步，直到感觉后背贴上了墙。

The girl denied being there, and the man backed her up. 女孩否认去过那儿，并且这位男子证实了她的话。

drift *v.* 漂流，漂移；漂泊；缓慢地移动

例句：You've been drifting from job to job without any real commitment. 你频频换工作，全无恒心。

As rural factories lay off workers, people drift toward the cities. 随着乡镇企业裁员，人们陆续移向城市。

wild card 百搭牌，万用牌；无法预言的人（或事物），未知因素

例句：The coronavirus outbreak is now a wild card to global economic growth. 当前，新型冠状病毒的暴发对于全球经济增长而言是个极大的变数。

there is a chance that 有……的可能

例句：There is a chance that you will win the prize. 你有赢得这个奖项的可能。

breeze *n.* 微风

例句：sea breeze 海风　cool breeze 凉爽的微风

Flags fluttered in the breeze. 旗帜在微风中飘扬。

interior *n.* 内部，里面；内景；内陆，腹地

例句：The Yangtze River would give access to much of China's interior. 长江使得人们能够到达中国内陆许多地方。

The ship's interior was an utter shamble. 那艘船的内部一片狼藉。

interior *adj.* 内部的，里面的；内陆的，腹地的

例句：The interior design is pleasingly simple. 这种室内设计简约宜人。

feature *v.* 以……为特色；由……主演

例句：It's a great film and it features a Spanish actor who is going to be a world star within a year. 那是一部精彩的电影，它由一位西班牙演员主演，一年之内他就会成为国际明星。

feature *n.* 特色，特点，特征

例句：The spacious gardens are a special feature of this property. 宽敞的花园是这处房产的一大特色。

气象点评

1 露点温度

我们多对冰点比较熟悉，冰点是液态的水转变成固态的冰时的温度。同样，含有水汽的空气，当温度降低到某一数值时，空气中的水汽会凝结为小水滴（云雾）悬浮在空气中或附着在地表的物体上（露珠），有小水滴或露珠形成时的温度就是露点温度。因为大气层的不同高度会有不同的气压和气温，不同高度、不同空气层的露点温度是不同的，比较复杂，不容易记住，因此，我们只要熟悉这个名词就足够了。

② 预报中的气压参数

本篇所选的两档节目中，除了降水、气温、风等预报之外，气压也成为预报分析的对象。这是因为天气变化主要源自气温、气压、风、湿度这四个物理量。通常天气系统到来前，气压下降、气温升高、湿度加大，会为成云致雨做好准备，如果准备不足，往往难以产生降水。所以，美国天气节目中对于气压的预报对受众感知天气还是有一定借鉴意义的。

那么，气压与百姓生活到底有多大关联呢？去过拉萨的朋友都会有这样的体验，当飞机降落在拉萨机场时，飞机通常会打开舱门，稍微等一会儿才会让大家下飞机。这是因为拉萨的气压要比平原地带的超强台风中心的气压还要低很多。让乘客在飞机上待一会儿是想让大家适应一下气压的突然降低。因为气压突然降低会造成血液对氧的溶解能力骤然下降，身体会因缺氧而造成高原反应，反应最激烈的就是头部，因为大脑是最消耗氧的地方。通常天气系统到来前，气压下降，也会导致老年人和身体适应差的群体感到局部疼痛。

③ 超级月亮

月亮绕地球转动的轨道是椭圆形的，因此，每个月月亮都要经历一次近地点和远地点。当月亮处在近地点时，视觉中看到的月亮会比远地点处大 14%，这就是"超级月亮"。其实，地球与太阳的关系也是如此，地球绕太阳的轨道也是椭圆形的，冬至时地球离太阳最近，太阳看起来比较大；夏至时地球离太阳最远，太阳看起来就比较小。

总结启示

① 收放自如的手势语可以提高信息传播效果

作为天气节目主持人重要的主持技能，准确而积极的手势语能够对传递天气信息起到补充和强化作用。在与天气图形互动时，应避免指图懒惰或体态僵化等问题，应敢于指图并沉浸其中，做到"人图合一"。另外，手势语运用可尝试打破陈规，在符合节目定位和场景图形设置的前提下，结合自身特点和习惯，找到既适合节目又具有特色的个性化手势语，形成鲜明的个人主持风格。尤其近些年，增强现实、虚拟现实等高科技手段在天气节目中的推广应用，更需要主持人调动积极而丰富的体态语，以配合天气虚拟场景进行"表演"，营造出逼真的天气视觉体验，增加节目的丰富度和可看性。

2 张弛有度的表情语可以锦上添花

表情能够最直接地传达人的情绪。天气节目主持人松弛的播报状态、灵动的表情传达，能够塑造具有亲和力和感染力的荧幕形象。运用恰切的表情语表达自己的观点和情绪，在呈现专业的荧幕形象外，还可以强化信息传达效果，并增加节目的人情味和个性化表达。当然，运用表情语要把握好"度"：若表情运用不到位或夸张无度，会给人肤浅之感，还会造成信息混乱，反而削弱了传播效果。因此，适时适度巧用表情语，能让节目锦上添花。

3 恰如其分的服装语可以为节目增色

作为重要的传播符号，恰当得体的服饰语能够反映主持人良好的气质修养和审美品位。在符合节目定位和受众审美标准的基础上，服装款式可寻求多元化呈现。例如，根据季节的变换选择不同的服饰：春服宜倩，夏服宜爽，秋服宜雅，冬服宜艳；早间时段穿亮色显示朝气，晚间时间穿暗色表现沉稳；节日可穿传统服饰，重要纪念日穿着喜庆等。当然，调整服饰语不代表随意化，要遵循节目风格和场景的需要，结合受众的收视心理，对服饰进行合理搭配，不能太过夸张和另类，也不能盲目跟风。天气节目主持人应在自身稳定的荧幕形象上再加以创新，只有恰如其分的服饰语言才能为节目增色，树立良好的荧幕形象。

气象主播最常被问到的问题

 节目概况 |||

本篇以美国天气频道的一期节目《气象主播最常被问到的问题》为例，一起探讨作为气象主播，应该如何去应对这些问题。

案例解读 |||

本期节目当中，气象专家对于公众所提问题的解答及解答方式，是我们研讨的中心。从节目来看，气象专家的应对和回答总体还是有些圆滑的，可以猜想，这位专家应该受过相关的表达训练或者有相应的准备。从 20 世纪 90 年代开始，美国在气象相关学科的高校当中就开设了气象传播学的课程，很多学生也因此受到过相关的训练和教育。

想要更好地回应公众的问题，有充分的知识储备是基础，同时也需要主持人具备气象传播学的能力和素养，能够很好地讲述和准确地表达观点。但更重要的是，作为一个为公众服务的群体，我们需要用坦诚、温暖、幽默且富有人文关怀的心态来回答这些问题，这不仅是对热爱这门学科或对这门学科感兴趣的公众的尊重和对历史的敬畏，也是帮助公众培养正确的对于天气预报科学的预期值，是一种大智慧的体现。

中英文释义

John, thanks so much for joining us in chatting this morning. So, we want to know, what is the most question you get asked.

It is very simple. We get asked what the forecast is. Now that does come, at sometimes, at inconvenient time. When we're at the grocery store, or worshipping at our local house of worship, we're always on guard for the weather. I think one of the most interesting ones is that when we put that post out there on Facebook, and folks wanna know what it is gonna be in their backyard. In our webpage, your webpage, we got that area where you can put in your zip code, and get a really detailed forecast. The tools are right there, but a lot of times people want that personal touch.

They do. And do they ask what the forecast really gonna be, like you don't give them all the information online.

Correct, well, in a lot of times they'll say what about the forecast that this broadcaster gave, or the other one gave. And we're like well, you could ask them, but our forecast is… this.

Alright, so a question I get a lot, or just a comment, more than a question. I'm sure you have it as well. When people say, what's it like to be wrong half the time, and still get paid. Do you get that a lot?

Yeah, we just don't hear them at all, do we? Now, I just wanna point out that the MVP for the National League and the American League in Baseball last year averaged .300. So, they were wrong 7/10th of the time, they make millions. So, we're wanting some of that action.

Excellent I'm gonna definitely steal that one and use it the next time. Alright, what about the forecast of what's the winter gonna be like, and they ask you that, you know, last summer. Everyone wants to know the long-range forecast. What's the weather gonna be for my wedding, you know, two years from now.

It's really amazing. Folks really… You know, weather is such a vibrant part of our lives. We focus on being a weather ready nation. We wanna be ready for that wedding in June, the family reunion in the summer. We have to rely on climatology at that point. So, in Alabama we say, there is probably about 20% chance of showers, temperatures in the 90s. We're gonna be pretty close to being right on that.

It's true. Climatology, you know, works out actually in the long-range forecast. It's a pretty good tool. What about some of the weather folklores like the caterpillars, and the persimmons having more seeds, for a colder winter. I mean, do any of those ever ring true, and do people ask you about them?

Well, you know, I think where those folklore came in is that they were right at least one of two times in someone's life. And So, they come to rely on those. Of course, we kind of listen to those, we enjoy hearing those stories. But when it comes down to the forecast, we're gonna rely on that data that we're getting from, like from that GOES-R, that we've got up in the space now and all that technology that we got. We're gonna rely on that versus the folklore.

约翰，非常感谢你今天能来和我们一起聊这个话题。我们想知道你被问得最多的问题是什么。

很简单啊，我们经常被问到"预报的内容是什么"，有时还是在不太方便的时候被问到，比如买菜的时候，或者是正在做礼拜的时候，总之要时刻做好准备。我记得最有趣的一次，我们在脸书上发布预报，人们就想知道自己家后院的天气会怎样。在我们的网页上，你看，在这个位置，输入你所在地区的邮政编码就能得出详细的预报。工具就在那里，但是很多时候人们更享受私人定制的感觉。

对，他们喜欢那样的感觉。如果网上没有给出他们所需的全部信息，他们是不是会找你问具体的预报？

嗯，很多时候他们会问，怎么这个预报是这么说的，那个预报是那么说的。我想说，你也可以问他们，但反正我们的预报就是这样……

嗯，有一个问题我经常被问到，其实更像是一个评论，而不是问题，我觉得你应该也经常被问到：天气预报有一半都是错的，你们却还能全额拿工资是种怎样的感受。你经常被这样问吗？

这种问题还少吗？我想说的是，去年，全国棒球联盟还有美国棒球联赛的最有价值球员平均击球率为 30%，照样赚百万年薪，我们也很想这样。

妙！下次我也要这样回答。好，还有一些问题，比如有些人上一年夏天就问这一年冬天天气怎么样。所有人都想知道长期预报的结果。还有诸如"我的婚礼天气怎样"，婚礼在两年后……

真是叹为观止……人啊……天气是我们生活中变数很大的一部分。我们致力于实现天气常备。我们也想预报 6 月办婚礼时天气如何，夏天家庭聚会时会不会下雨，但我们必须依靠那个时间点的气候学数据。比如，亚拉巴马州这个时候大概有 20% 的概率下阵雨，气温九十多华氏度（32.2℃左右），一般都会比较接近实际。

对，气候比较适用于长期预报，这是个好方法。还有一些关于天气的民间传说呢？比如，毛毛虫茸毛越多或者柿子种子越多，意味着冬天就越冷？我的意思是，这些是真的吗？会有人问你吗？

嗯，我觉得这些说法在最初形成的时候，至少有 50% 的概率是真的发生了，所以人们会相信。当然我们也会关注这些，我们也喜欢听这些故事。但是做天气预报我们一是靠数据说话，比如刚刚发射到太空的 GOES-R 气象卫星就会传回观测数据，二是靠已经掌握的各种技术，绝不是民间传说。

经典提炼

common *adj.* 共同的；普通的；一般的；通常的

例句：Oil pollution is the most common cause of death for seabirds. 石油污染是海鸟死亡最常见的原因。

　　　We have common interests. 我们有共同的利益。

join *vt.* 参加；结合；连接 *vi.* 加入；参加；结合

例句：Thank you for joining us in English activities! 感谢你们加入我们的英语活动！

inconvenient *adj.* 不便的；打扰的　　**convenience store** 超市

例句：Can you come at 10:30? I know it's inconvenient, but I have to see you. 你能 10:30 来吗？我知道这不方便，但是我必须要见你。

worship *n.* 崇拜；礼拜；尊敬 *vt.* 崇拜；尊敬；爱慕 *vi.* 拜神；做礼拜

例句：CMA: China Meteorological Administration 中国气象局

　　　NWS= National Weather Service（美国）国家气象局

　　　She had worshipped him for years. 她仰慕他已有多年。

detailed *adj.* 详细的，精细的；复杂的，详尽的

例句：Yesterday's letter contains a detailed account of the decisions. 昨天的信里有对那些决定的详细说明。

steal one of these 偷（你）其中一个答案（直译）；跟你一样回答（意译）

steal *vt.* 剽窃；偷偷地做；偷窃 *vi.* 窃取；偷偷地行动；偷垒

例句：He stole my bike! 他偷了我的自行车！

　　　People who are drug addicts come in and steal. 吸毒成瘾的人们进来偷东西。

long-range 长期的，远程　　**short-range** 短期的

family reunion 家庭聚会

例句：It's more than a time simply for family reunion. 这不仅仅是家人团聚的时刻。

vibrant *adj.* 振动的；充满生气的；响亮的；战栗的

例句：The grass is a vibrant green. 这草地是那种生机勃勃的绿。

focus on... 聚焦于（做）某事

focus *n.* 焦点，关注点

例句：Her children are the main focus of her life. 孩子们是她生活的重心。

rely on 依赖于……

例句：We don't rely on blessings from Heaven. 我们不靠老天保佑。

Climatology *n.* 气候学

例句：As a result, climatology models for the region have been based on summer data and are unreliable. 所以这块区域的气候模型是建立在夏季的数据之上，因而是不可靠的。

kind of...（口语）有点儿……

例句：She kind of likes you. 她有点喜欢你。

That made me feel kind of stupid. 那使我感到有点儿愚蠢。

data *n.* 数据，资料

例句：The study was based on data from 2,100 women. 这项研究的数据取自 2100 名女性。

They had hacked secret data. 他们窃取了保密数据。

气象点评

本期节目的内容对主持人具有重要的指导意义。作为气象节目主持人，除了要尽职尽责地完成日常业务工作之外，在生活中也要承担许多"额外责任"——回答观众、"粉丝"、朋友、家人提出的各种各样的气象问题。如果回答得不够准确直观，不仅自己"没面子"，有时也会给团队带来一些负面影响。因此，对提问做出恰当的回答，既能提升自己在公众、亲友中的"地位"，也能为团队带来较好的影响，是气象主持人必备的技能。日常中，气象主持人常被问到的问题主要集中在以下几个方面。

1 明天某城市的天气怎么样

对这类问题，其实，你参照气象台发出的天气预报就行了，可能你会担心天气预报不准带来的尴尬，但是，我们又能如何呢？公众总习惯地认为，对未来的预报要么对，要么错。其实，这是对现代预报科学认识的误区。

20 世纪科学家就已经给出了答案——混沌是一种客观存在。说得通俗点，面对一个问题，科学能知道一部分，但又不能全知。数值预报技术就是根据最初观察到的大气状态来计算未来大气状态，而不论观测技术如何发展，人类观测到的大气状态总是与真实大气状态之间存在偏差。因为大气过程具有混沌性，随着时间的延长，这个偏差会不断放大，即预报结果与真实大气状况偏离也越来越大，预报也就越来越不准。这也是 24 小时天气预报的准确率要比 48 小时预报的准确率高的原因，同样，48 小时天气预报的准确率要比 72 小时预报的准确率高，以此类推，10 天之后的天气预报的参考意义已经不大了，而 15 天以后，天气预报就基本失效了。气象学家洛伦兹为人类认识混沌现象打开了一扇门，著名的蝴蝶效应就是描述这种现象最通俗的比喻。

这个图案看着令人眼花缭乱，却第一次诠释了预报学的真谛。所以，我们应该科学理性地认识天气预报，不要为一次成功的预报而欣喜若狂，也不要为一次失败的预报而垂头丧气。总之，要理解天气预报，也要让观众理解天气预报工作人员。不为"错"卑，不为"对"亢。

❷ 私人订制天气预报——智慧气象的热门话题

在我们最需要了解天气信息的时候，翔实准确的天气预报能来到我们身边吗？"私人订制"的天气预报如何为我们提供贴心服务？很多人对这些问题不是很了解。"私人订制"的天气预报，也就是气象部门提供的针对特殊群体、特殊需求的特别服务。

"我下个月结婚，真希望天气能好点儿，现在能预测吗？""我们这行，最怕下雨，最离不开天气预报。"针对这些情况，气象部门的工作人员会进行分析和研究，做出较为准确、合理的建议和提醒，为有特殊需求的人士提供专门的服务。

"私人订制"的天气预报已经来到我们身边。随着智慧气象的融入，私人订制产品会越来越丰富。

❸ 气象局怎么还能报得不准

鉴于天气预报的特殊性，气象台多采用天气会商制度，每天发出的天气预报是气象台多名预报员集体会商的结果，这一方面反映了集体的智慧，同时也尽可能弥补了个人认知的不足。即便是通过计算机给出的数值天气预报，也不能轻易相信一个预报，而是利用集合预报方法从多个预报结果中选择其中最靠谱的那个预报来作为预报结论，本质上这也是数值预报技术中的"会商制度"。

大气运动做不到被科学绝对精确地描述，但人们对它也不是一无所知。大气中的扰动总是被约束在特定尺度的平衡状态下，振荡与非线性的共同作用导致目前无法实现对于天气过程的定点捕捉。当有可识别的天气系统（如高空槽、切变线、西南涡、台风等）步入大气的不稳定平衡区时，会触发不稳定环境的潜热能释放，形成对流性降水。在这些系统所影响的范围内，降雨表现出一定的组织性（如线状的飑线、团状的雨团、螺旋状的台风等）。对流自身发展具有随机特性，使得定点、定时的降水量不可能完全精确预报，表现出不可预测性。"汛期对流有组织，雨落何处无纪律"就是对这种规律性和不确定性共存的形象描述。

总结启示

　　作为现代气象人能够对传统文化留有一份深厚的尊重，也显得尤为重要。气象主持人应当对公众、对文化、对历史心怀尊重和敬意。在面对公众提问时，提供专业服务的我们，应当抱着一种人文关怀的心态传递信息，与您一起分享阳光、分担风雨。